New Wun Ching Developmental Publishing Co., Ltd.
New Age · New Choice · The Best Selected Educational Publications — NEW WCDP

Third Edition

第3版

物理與生活

張振華 編著

PHYSICS AND LIFE

國家圖書館出版品預行編目資料

物理與生活 / 張振華編著. -- 第三版. -- 新北市：
新文京開發, 2019.09
面； 公分

ISBN 978-986-430-557-5（平裝）

1. 物理學 2. 問題集

330.22 108014133

物理與生活（第三版） （書號：E237e3）

編 著 者	張振華
出 版 者	新文京開發出版股份有限公司
地 址	新北市中和區中山路二段 362 號 9 樓
電 話	(02) 2244-8188（代表號）
F A X	(02) 2244-8189
郵 撥	1958730-2
初 版 三 刷	西元 2011 年 01 月 05 日
二 版	西元 2016 年 05 月 10 日
三 版	西元 2019 年 09 月 01 日

3 版 序 PREFACE

　　如果您想了解物理但又怕物理太難懂，那麼這本書就非常適合您。全書配合教育部課程綱要之教學架構，循序編撰，非常適合專技院校「基礎物理」或「生活物理」等通識課程教學之用。

　　本書編寫方式著重平實、平易而不失物理內涵。一般人大多覺得物理的理論艱澀難懂，所以本書試圖以生活上的問題啟發讀者的興趣，再以物理的理論解釋此一現象，希望能達到讓讀者既明白生活上的物理問題，又懂得相關的物理原理。

　　本書每個問題的最後皆安排「動動腦、動動手」的小單元，其內容有的是思考性的問題，有的是實際操作的實驗，這些安排可以讓讀者更進一步認識每個單元的物理內涵。

　　本次改版新增「理論篇」，先了解理論知識再進入「應用篇」，以生活實例加以靈活運用，因此加入許多最新、最吸引人的問題，以及全面檢視修正錯漏字與適度潤飾文句，使內容更臻完善且流暢易懂。

　　在此要特別感謝新文京開發出版股份有限公司編輯部與相關同仁的配合，才能使得本書順利再版。本書經再三斟酌詳校，若有疏漏不全之處，尚祈各界不吝指正。

張振華　謹識

目 錄 CONTENTS

UNIT 03　流體力學

理論篇

應用篇

UNIT 04　熱

理論篇

應用篇

UNIT 05

聲 波

理論篇

應用篇

理論篇

應用篇

UNIT 01

物理學與
物理量

PHYSICS
and LIFE

本章學習地圖

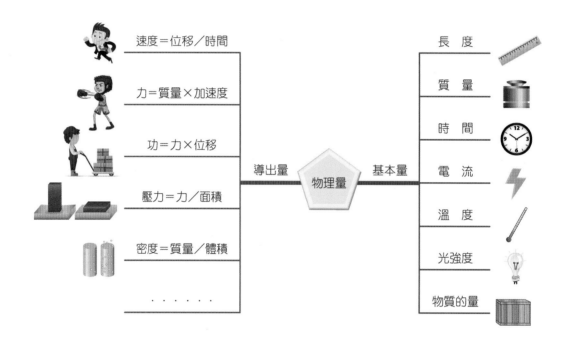

UNIT 01 物理學與物理量

1-1 物理學

　　物理學 (physics) 是研究物質、能量、時間與空間的性質與相互關係的自然科學。物理學按照時間先後可分為古典物理學與近代物理學兩部分，在二十世紀以前發展的物理學稱為古典物理學，包含力學、光學、熱學與電磁學；二十世紀以後發展的物理學稱為近代物理學，包含量子力學與相對論。

　　古典力學研究受力物體的運動狀態，可分為靜力學（描述靜止物體）、運動學（描述物體運動）和動力學（描述物體受力作用下的運動）。牛頓為古典力學集大成者，提出牛頓運動定律，能準確描述與預測物體的運動狀態，牛頓還提出萬有引力定律，成功解釋星體運行狀態。古典力學看似完美，但是後來發現古典力學只適用於巨觀世界與低速運動（遠低於光速）的物體，於是才發展量子力學用來解釋原子尺寸的微觀世界，相對論用來解釋高速運動（接近光速）物體的運動狀態與時空變化。

　　光學研究光的現象與性質，可分為幾何光學與物理光學。幾何光學裡光被視為粒子，以直線前進，直到遇到不同介質時，才會改變方向，幾何光學可用來解釋光的反射、折射等現象。物理光學裡光被視為波動，因此又稱波動光學，能夠用來解釋光的干涉、繞射、偏振等現象。目前認為光同時具有粒子與波動雙重性質。

　　熱學研究熱現象及其規律，可分為古典熱力學和統計熱力學。古典熱力學以巨觀觀點（如溫度、壓力、體積等）研究平衡系統各性質之間的相互關係，統計熱力學以微觀的觀點（如原子、分子等）研究平衡系統各性質之間的相互關係。

　　電磁學是研究電磁力的科學，包括電場、磁場及其相互之間的交互作用。原本電學與磁學是分開的科學，但後來發現變化的電場會產生磁效應（電生磁）以及變化的磁場會產生電效應（磁生電），電場與磁場的關係密不可分，於是就統合電學與磁學成為電磁學。

　　物理學雖然是一門基礎科學，但其應用卻對人類文明的進步貢獻良多，例如熱力學的研究帶動了引擎的發展，也促使了工業革命的產生；電磁學的研究與應用，使得人類進入電力時代，各種電力產品如電燈、電話的出現，大幅改善人類的生活；而愛因斯坦在相對論中提出質能互換學說，成為原子彈與核能發電的理論關鍵，一者用於戰爭、一者用於和平，無論何者皆改變了人類歷史與生活。

1-2　物理量

　　物理量 (physical quantity) 是物理當中能測量的量，例如長度、體積。物理量可分為基本量 (fundamental quantity) 與導出量 (derived quantity)，基本量指的是像長度這種不能用其他更基本的物理量以數學關係加以定義的量；導出量指的是像體積這種由基本量運算而得的物理量。

　　早期世界各國在計量單位的使用並不一致，後來國際度量衡大會通過 mks 單位制度，針對三大基本物理量：長度、質量、時間分別定出以公尺 (m)、公斤 (kg)、秒 (s) 作為一致的單位系統，但因科技日新月異，於是再擴充此一單位系統為國際單位制 (International System of Unit)，縮寫符號為「SI」，中文簡稱為公制，目的在統一各國對計量單位使用的一致性，國際單位制包含長度、質量、時間、電流、溫度、光強度與物質的量等七大基本量。

　　國際單位制 (SI) 包含以下七大基本單位：

長度	質量	時間	電流	溫度	光強度	物質的量
公尺 m	公斤 kg	秒 s	安培 A	凱氏 K	燭光 cd	莫耳 mol

　　至於像體積、速度等物理量是由基本量運算而得，稱之為導出量。國際單位制的優點之一是在同一個物理量之單位的轉換都是十進位，通常在單位前加上一符號以代表不同數量，其方式如下：

英文符號	E	P	T	G	M	k	h	da	d	c	m	μ	n	p	f	a
中文譯名	艾	拍	兆	十億	百萬	千	百	十	分	釐	毫	微	奈	皮	飛	阿
數量	10^{18}	10^{15}	10^{12}	10^{9}	10^{6}	10^{3}	10^{2}	10^{1}	10^{-1}	10^{-2}	10^{-3}	10^{-6}	10^{-9}	10^{-12}	10^{-15}	10^{-18}

於是就長度而言就會有　　1 km=10^3 m　　　（1 千米 = 10^3 米）

1 cm=10^{-2} m　　　（1 釐米 = 10^{-2} 米）

1 mm=10^{-3} m　　　（1 毫米 = 10^{-3} 米）

1 μm=10^{-6} m　　　（1 微米 = 10^{-6} 米）

1 nm=10^{-9} m　　　（1 奈米 = 10^{-9} 米）

　　其中米就是俗稱的公尺，而當紅的奈米科技是一種將物質微小化至奈米層級而加以運用的科技，其中 1 奈米就相當於 10^{-9} 公尺，1 奈米大小的物體近於原子、分子的尺度之間，比之細菌或病毒還要小，例如半導體大廠台積電公司的晶圓設計已達 3 奈米製程，代表技術十分精密。

應用 UNIT 01 物理學與物理量

問題 1-1 蠟燭點燃過程先發生物理變化還是化學變化呢？

　　人們使用蠟燭歷史悠久，小小蠟燭不知照亮了多少文明，但你可知蠟燭燃燒過程中蘊含了許多祕密。要知道蠟燭點燃過程先發生物理變化還是化學變化，首先要明白物理變化與化學變化的意義。

物理小常識

▶ 物理變化 (physical change)：當一個變化發生，沒有形成新物質（新分子）時，就稱為物理變化。

▶ 化學變化 (chemical change)：當一個變化，形成新物質（新分子）時，就稱為化學變化。

　　物理變化的過程中，物質的本質不變，沒有新的分子產生，只是狀態發生改變。例如冰融化成水時，除了原來的水分子以外，沒有新的分子產生，只是水分子間的距離改變而已，所以三態變化屬於物理變化。

　　化學變化的過程中，物質的本質改變，產生新的分子。例如物質燃燒，燃燒是物體劇烈氧化並產生光和熱的過程，以瓦斯為例，瓦斯的主成分是甲烷，當甲烷燃燒後，會產生二氧化碳與水，產生新的分子，所以燃燒屬於化學變化。

　　甲烷燃燒化學反應式 $CH_4 + 2O_2 \rightarrow CO_2 + 2H_2O +$ 能量

　　明白物理變化與化學變化的不同，就可以討論蠟燭點燃過程先發生物理變化還是化學變化的問題。蠟燭點燃過程先由固態蠟熔化成液態蠟，液態蠟經由燭芯吸上去後汽化成蠟燭蒸氣，蠟燭蒸氣再燃燒成火焰；所以先發生三態變化再發生燃燒，也就是先發生物理變化再發生化學變化。

 動動腦、動動手

　　判斷下列物質變化哪些屬於物理變化？哪些屬於化學變化？
(1) 糖溶於水
(2) 鐵生鏽
(3) 溫度計中的水銀熱脹冷縮
(4) 生雞蛋煎成荷包蛋
(5) 酒精揮發
(6) 木炭燃燒

一公尺是如何定義的？

　　公尺是長度的基本單位，與我們的日常生活關係密切，由長度演化成面積，由面積演化成體積，如果長度的測量產生誤差，那麼面積與體積也會跟著產生誤差，所以能精確的定義出一公尺是相當重要的，在後面的解說中就會介紹一公尺的定義過程，每一次的定義都會使得長度的測量更加精確。

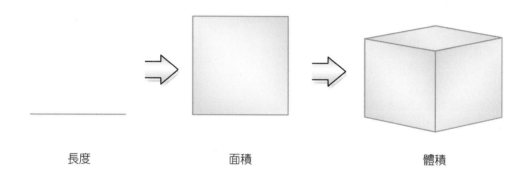

長度　　　　　　　　　面積　　　　　　　　　體積

物理小常識

▶ 公尺 (meter)：國際單位制當中長度的基本單位，一公尺等於光在真空中於 299,792,458 分之 1 秒時間間隔內所行經之距離。

▶ 光年 (light year)：天文學上的距離單位，一光年等於光在真空中於一年的時間間隔內所行經之距離。

答案揭曉

　　在西元 1791 年，法國巴黎科學院對公尺作了如下的定義：「通過巴黎的子午線，從北極到赤道的長度的千萬分之一是一公尺」。後來並根據這個定義做出長度是一公尺的白金棒。可是由於測量誤差，這個公尺原器存有 0.2 公釐的誤差。

　　到了西元 1889 年，國際度量衡局改良第一代公尺原器的設計，將公尺原器的材質改成鉑銥合金，並於西元 1927 年將此鉑銥合金棒在攝氏零度之下的兩端刻線距離作為國際上公尺的定義。

　　但是用鉑銥合金棒來作為長度的標準，有著許多缺點，比如鉑銥合金棒一旦毀損，就無法重新復原，而且實物會隨著時間日漸損耗，因此人們希望能建立一個更可靠的長度基準。西元 1960 年，國際度量衡大會通過以 ^{86}Kr 原子某輻射光波長之特定倍數作為長度量度基準，從此刻開始長度基準不再是一種規定實體（公尺原器）的尺寸，任何實驗室只要有足夠精密的設備，皆可量得公尺的標準長度。

　　愛因斯坦於西元 1905 年提出「光速在真空為一定值」的觀念，後經許多科學家不斷的驗證，已將真空中的光速視為一個物理常數，而且光在真空的速度為 299,792,458 m/s，所以國際度量衡大會在西元 1983 年通過了新的公尺定義，即是「一公尺等於光在真空中於 299,792,458 分之 1 秒時間間隔內所行經之距離」。另外在天文學上，也同樣利用光速恆定的特性來定義距離，由於星球與星球的距離十分遙遠，因此科學家將「光在真空中於一年的時間間隔內所行經之距離」定義成「一光年」，使用光年來表達星球與星球的距離。

動動腦、動動手

　　假設牛郎星與織女星相距 16 光年，相當於多少公尺？（已知光速 = 3×10^8 m/s）

 **1-3** 重量與質量的物理意義有何不同？

　　一般人常把重量與質量兩者混為一談，不過其實兩者存在不同的定義與觀念，比如在地表，一個物體用磅秤秤出重量是 1 公斤重，如果改用天平測出質量也會是 1 公斤，雖然在地表測出的物體重量與質量的數值相同，但請注意兩者的單位是不同的，重量的單位是公斤重，質量的單位是公斤，所以 1 公斤重不等於 1 公斤。

彈簧秤秤重量

天平秤質量

🔍 物理小常識

▶ 質量 (mass)：指物體所蘊含物質的量。
▶ 重量 (weight)：物體接觸面所給予之反作用力，其來源是重力。
▶ 重力 (gravity)：星球對物體的吸引力，在地球上稱為地心引力。

答案揭曉

　　重量是用來衡量物體所受的重力大小，重量越大的物體所受的重力越大，重量越小的物體所受的重力越小，因為重量本身就是重力的一種表現，所以重量的單位就是力的單位牛頓 (nt)。在地表質量 1 公斤 (kg) 的物體其重量稱為 1 公斤重 (kgw)，以重力等於質量乘以重力加速度 (F=mg) 來看，當質量 m=1 kg、重力加速度 g = 9.8 m/s^2 的時候，1 公斤重恰等於 9.8 牛頓。我們可使用彈簧秤來測量物體的重量，因為彈簧秤是用來測量彈簧的受力，而此受力又來自於物體的重量之故。

　　質量是指物體所蘊含物質的量，此量不會因為物體所在地的不同而改變，質量的基本單位是公斤，在法國巴黎的度量衡標準局存放有質量為 1 公斤的鉑銥合金圓柱體作為衡量質量的國際標準。我們可使用等臂天平來測量物體的質量，因為天平的兩端受著同樣的引力，所以當天平平衡時，表示待測物與砝碼的重量相同，所以 $m_1 g = m_2 g$（m_1 代表待測物的質量，m_2 代表砝碼的質量），將上式重力加速度 g 消掉以後，得到 $m_1 = m_2$，也就是當天平平衡時，表示待測物與砝碼的質量相同，這就是用天平可以測出物體的質量的原因。

　　從以上說明可以知道，物體的質量不會因為地點的改變而改變，但是物體的重量會因為地點引力的改變而改變，比如一個質量 60 公斤的人在地表的重量是 60 公斤重，但是到了引力只有地球 $\frac{1}{6}$ 的月球上時，人的質量仍然是 60 公斤，但是其重量就會變成 10 公斤重。

動動腦、動動手

　　如果你的力氣最大可以舉起重量為 382 牛頓的物體，今已知在月球上有一物體重量是 8 公斤重，則在地球表面上你可不可以舉起該物體？

 **1-4** 曆法中有閏年，那有沒有閏秒？

　　我們聽過閏年，也知道閏年的原因是地球繞太陽公轉大約需要花 $365\frac{1}{4}$ 天，但是我們將一年訂為 365 天，於是地球公轉時間較我們定的一年多出了 $\frac{1}{4}$ 天，經過 4 年將會多出 1 天，所以在曆法上有閏年制度，每隔 4 年會多出 2 月 29 日這一天。有關閏年的詳細規則如下：

　　　　每逢 4 的倍數閏：例如西元 1992、1996 年等都是閏年。

　　　　每逢 100 的倍數不閏：例如西元 1800、1900 年等都不是閏年。

　　　　每逢 400 的倍數閏：如西元 1600、2000 年等都是閏年。

　　　　每逢 4000 的倍數不閏：如未來的西元 4000、8000 年等都不是閏年。

　　　　但是除了閏年以外，你可知道還有閏秒？

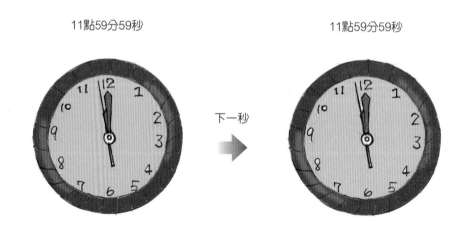

11點59分59秒　　　　下一秒　　　　11點59分59秒

暫停的一秒鐘

🔍 物理小常識

▶ 秒 (second)：國際單位制當中時間的基本單位，以銫原子同位素 Cs^{133} 基態超精細能階躍遷 9,192,631,770 個週期所經歷的時間，定為 1 秒（稱作原子秒）。

▶ 閏秒 (leap second)：為使地球自轉時刻與原子時刻同步所進行的時間（秒）的調整。

一般我們所說的一天指的是太陽日，所謂太陽日即地球以太陽為參考點，地球某特定位置連續二次正對太陽所需要的時間。由於地球繞太陽運行的軌道是橢圓形，使得每個太陽日的長短並不固定，於是我們將一年內每一天的時間加以平均，就得到平均太陽日，再將平均太陽日分為 24 小時，小時分為 60 分鐘，每分鐘分為 60 秒，所以 1 秒可以定義成一個平均太陽日的 $\dfrac{1}{86,400}$。

在西元 1967 年，科學家用原子輻射的觀點重新界定秒的定義：即用人工的方法改變銫原子的能階狀態，使銫原子釋放固定頻率的輻射，這種輻射波振動 91 億 9,263 萬 1,770 次所需要的時間定義為一秒。由於所有的銫原子都一樣，樣會輻射出相同頻率的電磁波，因此利用銫原子的特性所製成的計時器（稱為銫原子鐘），也就具有高度的精確性與複製性。

銫原子鐘計時具有高度的精確性，但是地球自轉的週期卻因為潮汐、地震或星球之間的引力而漸漸改變，科學家發現地球自轉速度漸漸變慢了，經過一段時期的累積之後，不均勻的地球自轉時刻便與原子鐘的時間漸漸不一致。為了使原子鐘產生的標準時刻與地球自轉時刻盡量符合，國際間便協議用閏秒進行調整，例如在西元 2005 年 12 月 31 日那一天，在格林威治時間 23 點 59 分 59 秒，全世界要把時鐘撥慢一秒鐘，這多出來的一秒就是閏秒。

這多出的一秒雖然短暫，但是卻使得地球自轉時刻與原子時刻同步，不過也有科學家反對閏秒的調整，因為不管是航空、通訊還是全球衛星定位系統，差個一秒，就可能會產生嚴重後果。如果沒有閏秒調整，人類計時完全依賴原子時刻，經過一段悠久歲月之後，也許那時的原子時刻 12 點太陽才剛升起，對這樣的場景你能接受嗎？

動動腦、動動手

(1) 下列西元年份，哪些為閏年？　(A)2008 年　(B)2100 年　(C)2400 年　(D)3000 年
(2) 思考一下，你贊成或反對閏秒的調整？

 **1-5** 一滴水所含的原子數與銀河系中的恆星總數比較起來，誰比較多？

「物質是由原子所組成」這個概念是物理學的重要基礎，曾經有一則故事提及，如果世界遭受浩劫，科學家必須留下一句話給殘存的人類，那句重要的話就是「物質是由原子所組成」。

若只以大小來比較，一滴水相較於銀河系實在是微不足道，但若以原子數與恆星數來比較，那可是有得比了，且讓我們來超級比一比吧。

銀河系

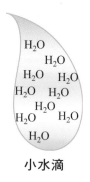

小水滴

🔍 **物理小常識**

▶ 莫耳 (mole)：國際單位制當中物質的量之基本單位，一莫耳物質所含的原子數或分子數為 6.02×10^{23} 個。

根據天文學家估計，銀河系恆星總數約為 1,000 億顆到 2,000 億顆之間，也就是介於 1×10^{11}~2×10^{11} 之間。

而計算水滴的原子數之前，首先要認識莫耳數，科學家定義一莫耳物質所含的原子數或分子數為 6×10^{23} 個，一莫耳分子的重量稱為分子量，一莫耳原子的重量稱為原子量。

假設一滴水的重量為 1 克，因為水的分子量為 18，表示一莫耳的水分子重量為 18 克，故重量為 1 克的水莫耳數是 $\frac{1}{18}$，其所包含的分子數為 $\frac{1}{18}\times6\times10^{23}$ 個，又因一個水分子 H_2O 包含三個原子（兩個氫原子與一個氧原子），所以一滴重量為 1 克的水所含的原子數 $= 3\times\frac{1}{18}\times6\times10^{23}=10^{23}$。

以 10^{23} 與 10^{11} 比較起來，顯然一滴水所含的原子數遠大於銀河系中的恆星總數。講到這裡，讀者是否會訝異小水滴竟然勝過浩瀚的銀河系，有句話說「一砂一世界」其實也蘊含這樣的意思。

 動動腦、動動手

假設宇宙中有 5,000 億個星系，而每個星系又有 2,000 億顆恆星，那麼一滴重量為 1 克的水所含的原子數，與全宇宙中的恆星總數比較起來，誰比較多？

UNIT 02

力與運動

PHYSICS and LIFE

本章學習地圖

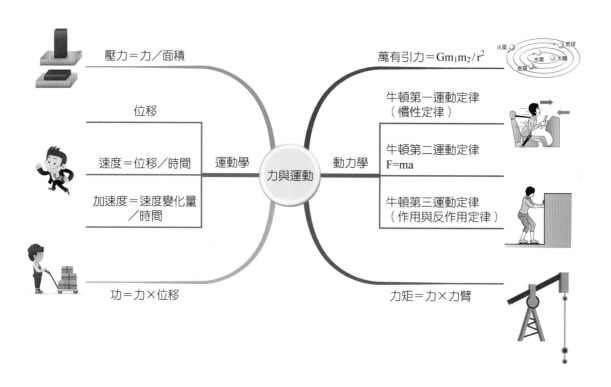

壓力＝力／面積

位移

速度＝位移／時間

加速度＝速度變化量／時間

運動學

力與運動

萬有引力＝Gm_1m_2/r^2

火星　地球　水星　太陽　金星

牛頓第一運動定律（慣性定律）

動力學

牛頓第二運動定律 $F=ma$

牛頓第三運動定律（作用與反作用定律）

功＝力×位移

力矩＝力×力臂

理論 UNIT 02 力與運動

2-1 運動

為了要能準確描述物體的運動狀態，物理上透過位置、位移、路徑、速率、速度與加速度加以確認。

1. 位置

透過座標表達物體所在的位置，在一維空間中以數線表示位置，在二維空間中以平面座標表達位置，在三維空間中以空間座標表達位置。

2. 位移

位移指的是物體位置的改變量，為一向量，包含大小與方向，一般以射線表示。例如當物體由 A 點移動至 B 點，位移表示為 $\overrightarrow{AB}$。

3. 路徑長

物體沿運動路徑所移動的長度稱為路徑長。路徑長與物體運動路徑有關，但是位移和物體運動路徑無關，僅與物體的起點、終點位置有關。

4. 速率

速率是表示運動快慢的物理量，可分為平均速率與瞬時速率。平均速率是指物體運動時單位時間所經過的路徑長，以符號表示如下：

$$\overline{V} = \frac{\Delta S}{\Delta t}$$

$$平均速率 = \frac{路徑長}{時距}$$

瞬時速率是指物體運動時在很短時間（趨近於零）所經過的路徑長，以符號表示如下（其中 lim 表示極限之意）：

$$V = \lim_{\Delta t \to 0} \frac{\Delta S}{\Delta t}$$

$$瞬時速率 = \lim_{時距 \to 0} \frac{路徑長}{時距}$$

5. 速度

速度是表示運動快慢與方向的物理量，可分為平均速度與瞬時速度。平均速度是指物體運動時單位時間所經過的位移，以符號表示如下：

$$V = \frac{\Delta x}{\Delta t}$$

$$平均速度 = \frac{位移}{時距}$$

瞬時速度是指物體運動時在很短時間（趨近於零）所經過的位移，以符號表示如下：

$$V = \lim_{\Delta t \to 0} \frac{\Delta x}{\Delta t}$$

$$瞬時速度 = \lim_{時距 \to 0} \frac{位移}{時距}$$

比較速率與速度兩個物理量，速率只有大小沒有方向，所以速率是純量；速度有大小也有方向，所以速度是向量。平均速率與平均速度大小兩者不一定相等，但是瞬時速率與瞬時速度的大小會相等，這是因為時間間隔越短，則路徑長與位移大小就越接近，當時間趨近於零時（代表瞬時），則路徑長與位移大小就相等，所以瞬時速率等於瞬時速度的大小。如果沒有特別指明，通常速度指的就瞬時速度。

6. 加速度

速度對時間的變化率稱為加速度，加速度為向量，可分為平均加速度與瞬時加速度。平均加速度是指物體運動時單位時間的速度變化量，以符號表示如下：

$$\bar{a} = \frac{\Delta V}{\Delta t}$$

$$平均加速度 = \frac{速度變化量}{時距}$$

瞬時加速度是指物體運動時在很短時間（趨近於零）的速度變化量，以符號表示如下：

$$a = \lim_{\Delta t \to 0} \frac{\Delta V}{\Delta t}$$

$$瞬時加速度 = \lim_{時距 \to 0} \frac{速度變化量}{時距}$$

2-2　力與平衡

2-2-1　力的意義與分類

　　力是向量，包含大小和方向。物體受力作用後，會發生形狀改變或運動狀態改變，此現象稱為力的效應。

　　力可分為接觸力與超距力兩大類，接觸力指的是施力者與受力者需直接接觸才能發生作用的力，例如彈力、摩擦力、浮力、拉力、推力等。超距力指的是施力者與受力者不需直接接觸便可發生作用的力，例如萬有引力、靜電力、磁力等，其中，靜電力與磁力包含有吸引力及排斥力，但萬有引力只含有吸引力，而無排斥力。

2-2-2　合力與力平衡

　　當物體受到許多力的作用時，所產生的效果與用一個力來代替時的效果相同，此力便稱為這許多力的合力。由於力是向量，因此合力可透過向量的加、減法計算而得，若兩力 F_1、F_2 作用於同一物體上，則合力大小 F 與 F_1、F_2 的關係為

$$F_1 - F_2 \leqq F \leqq F_1 + F_2$$

以下分別討論兩力夾角 0°、180°、90° 等三種特殊情況：

1. **兩力夾角 0°**：合力最大，$F = F_1 + F_2$，合力大小＝兩力相加，方向與兩力相同。

2. **兩力夾角 180°**：合力最小，$F = F_1 - F_2$，合力大小＝兩力相減，方向朝向兩力中較大者。

3. **兩力夾角 90°**：$F = \sqrt{F_1^2 + F_2^2}$，方向介於兩力之中。（利用畢氏定理）

原本靜止的物體受到幾個力作用仍保持靜止（不移動、不轉動），則稱靜力平衡，此時物體所受的合力為零。若物體同時受到兩個力作用，而且這兩個力大小相同、方向相反，沿著同一直線作用，此時我們稱物體處於兩力平衡狀態。所以兩力平衡的條件為：

1. 大小相等。
2. 方向相反。
3. 沿著同一直線作用。

 2-3 牛頓運動定律

牛頓運動定律 (Newton's laws of motion) 由英國物理學家牛頓所提出，用來說明物體所受的外力與物體運動彼此之間的關係。這定律被譽為古典力學的基礎，是以下三條運動定律的總稱：

1. **牛頓第一定律**：又稱慣性定律，物體不受外力作用或受外力作用但合力為零時，則其運動狀態將維持不變。靜止狀態的物體永遠維持靜止，運動中的物體恆沿一直線做等速度運動。

2. **牛頓第二定律**：又稱運動定律，物體受外力 F 作用時，會沿著作用力的方向產生加速度 a（F、a 同方向），在一定質量 m 下，加速度 a 和作用力 F 成正比；在一定作用力 F 下，加速度 a 和質量 m 成反比。以公式表示牛頓第二定律為

$$F = ma（力 = 質量 \times 加速度）$$

由牛頓第二定律可得到力的絕對單位「牛頓」，當質量 1 公斤 (m = 1 kg) 的物體，產生 $1 \ m/s^2$ 的加速度所需的力稱為 1 牛頓，簡寫為 1N。

力的單位另外可用公斤重 (kgw) 表示，質量 m=1 公斤的物體，所受到的重力為 1 公斤重，而重力加速度為 g=9.8 m/s^2，故由重量 W=mg 得如下結果：

$$1 \ kgw = 1 \ kg \times 9.8 \ m/s^2 = 9.8N$$

3. **牛頓第三定律**：又稱作用力與反作用力定律，每施一個作用力於物體，物體必給施力者一個反作用力。作用力與反作用力大小相等、方向相反、作用在同一直線上，同時產生、同時消失，但不可抵消。

UNIT 02 力與運動

問題 2-1 一拱橋耐重的祕密是什麼？

在古代還沒有鋼筋水泥的時候該怎麼造橋？古代人只需利用石頭堆成拱形，就可以完成一座堅固的拱橋了，在河北省的趙縣有一座趙州橋，這是現在還存留在世界上最古老的石拱橋，它是由一千多年以前的隋朝工匠李春所完成，這座橋雖然歷史悠久，歷經了許多的風雨，但是直到現在還屹立不搖。

在台灣早期由於缺乏水泥，因此就使用糯米、糖漿等當作石塊的接著劑，而完成了不用水泥的石拱橋，我們特別稱為糯米橋。

所以自古以來拱橋與我們的交通息息相關，你會不會訝異為什麼拱橋能有如此大的承載力量？

物理小常識

▶ 靜力平衡 (the equilibrium of static force)：若物體不移動且不轉動，則物體所受的合力為零且合力矩為零，稱為靜力平衡。

答案揭曉

從靜力學的觀點來分析拱橋負重的原因，其關鍵在於弧狀的造型，組成拱橋的石塊是由一塊塊楔形的石頭組成（如圖 2-1-1 所示），最上方石塊的重量會分散到兩旁的石塊上，而兩旁的石塊同樣的將重量壓在更旁邊的石頭上，如此這般地將石塊的重量一直往兩旁傳遞，最後將整座橋的重量壓在橋兩旁的地基上，而地基提供一個向上的力平衡了橋所受的重力，這就是拱橋耐重的原因。

利用這種圓拱的造型來分散力量在生活中處處可見，比如水壩常常設計成圓拱形，其目的就是要將水的衝擊力分散到兩旁的山壁，以降低水流對壩體的衝擊力，保護水壩的安全。又如隧道的形狀是半圓形，其目的也是利用圓拱的造型抗壓。

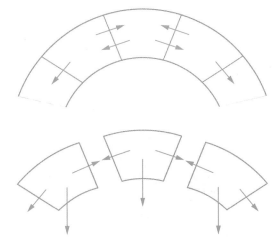

📌 圖 2-1-1　組成拱橋的楔形石塊會將重量往兩旁分散

動動腦、動動手

請利用方塊積木堆出類似拱橋形狀（如圖 2-1-2 所示），你最多能堆幾塊積木呢？

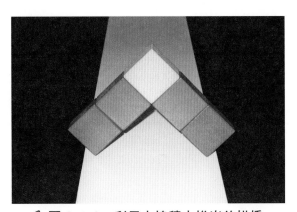

📌 圖 2-1-2　利用方塊積木堆出的拱橋

問題 **2-2** 用力握住雞蛋，雞蛋會不會被你握破？

雞蛋是很脆弱的，一不小心撞到就會破掉，現在請你握住那脆弱的雞蛋，用力的握，如果你擔心雞蛋破掉，可以在握雞蛋的手上套個塑膠袋。目前雞蛋還沒破吧？現在請你更用力的握，但是不可以故意用手指去掐，有沒有發現雞蛋還是沒破？這不是因為那顆雞蛋是阿婆鐵蛋，它只不過是顆生雞蛋，只是為何你用了這麼大的力氣，雞蛋卻還是沒破呢？

物理小常識

▶ 壓力 (pressure)：物體在單位面積上所受的正向力。

答案
揭曉

　　蛋殼輕輕一敲就可以敲破，用手指輕輕一掐也可以掐破，原因是接觸面積小，造成雞蛋局部區域所受壓力很大，而薄薄的蛋殼無法承受此一壓力，於是雞蛋就破裂了。

　　可是用力握住雞蛋，雞蛋卻沒破，原因是雞蛋所受的壓力均勻且較小的關係，當你用手握住雞蛋，雞蛋承受了來自各個方向的力，由於雞蛋任何一個面大致呈現圓拱的造型，所以來自各個方向的力會均勻分散到整個雞蛋表面，有效降低了雞蛋局部區域所受的壓力，所以雞蛋才不會破。

動動腦、動動手

(1) 假設你把雞蛋拿到桌子邊緣敲下去的力量為 5 牛頓，雞蛋與桌緣的接觸面積為 0.1 平方公分，那麼雞蛋與桌緣的接觸面所受壓力是多少？

(2) 假設你握住雞蛋的施力為 100 牛頓，而一個雞蛋的表面積為 50 平方公分，如果雞蛋受力均勻，那麼雞蛋所受的壓力是多少？

(3) 比較 (1) 與 (2) 之雞蛋所受的壓力，誰大誰小？

(4) 想想看，小雞出生時為什麼可以把雞蛋啄破？

 不倒翁的原理是什麼？

「說你呆，你不呆，推你一把，你又站起來。」這是描寫不倒翁的童謠，不倒翁是大家所熟悉的玩具，無論你把它往哪一邊推，它都能搖搖擺擺的又站立起來，你可曾想過不倒翁不倒的祕密是什麼？

相撲選手準備和對手過招時，都會將雙腳跨開身體壓低，如此一來，就較不容易被推倒，這與不倒翁的原理又有什麼關聯呢？

物理小常識

▶ 重心 (center of gravity)：一物體各部分重力的合力作用點。很多物理問題可以把物體的重量集中在重心而加以研究。

▶ 力矩 (moment of force)：力矩是力與力臂的乘積，可造成物體的轉動。

　　讓我們想像一個畫面，在一個蹺蹺板的兩端分別坐著一位大人與小孩，大家理所當然認為大人的一端處在下方，這是因為支點（蹺蹺板的中心）的兩端不等重，較重的一端具有較大的力矩，較輕的一端具有較小的力矩，這兩個力矩產生的合力矩使得較重的一端下跌。另外我們也可以重心的觀點來分析，上述情況中的重心一定較靠近大人的一端，由於力矩的影響使得重心必須往下移，於是我們會看到蹺蹺板往較重的一端下跌。

　　不倒翁的結構有兩個特色，一個是重心集中在底部，一個是底部呈現圓滑的球面，這兩個特色使得我們不管把不倒翁推向哪一邊，都會使得重心上升，此時好比是一個大人正處在蹺蹺板的上方，另一端坐著一位小孩，而不倒翁與桌面接觸點其實就是支點，由於力矩的影響使得重心必須往下移，於是我們會看到不倒翁左搖右擺恢復成直立狀態，此時重心已下移到最底部且位於支點的正上方，在合力矩為零的狀態下，不倒翁將不再左搖右擺。

　　所以重心越低物體越不容易傾倒，相撲選手把身體壓低，為的就是讓重心下移，像不倒翁一般不易被推倒。

動動腦、動動手

　　自己動手做一個不倒翁：將雞蛋較尖的一端戳破一個小洞，使蛋黃與蛋白流出，再注入一些清水洗淨雞蛋內部，待內部乾燥後（可用吹風機或衛生紙擦拭），從小洞加入一些沙子（約占雞蛋容量的 $\frac{1}{3}$ ～ $\frac{1}{4}$），使沙子集中在雞蛋較圓的一端，最後滴入蠟油覆蓋在沙子上面，待蠟油凝固後，一個雞蛋不倒翁就完成了，你可以加一些彩繪使雞蛋不倒翁更美喔（如圖 2-3-1 所示）。

🔖 圖 2-3-1　雞蛋不倒翁

問題 **2-4** 平衡鳥平衡的祕密是什麼？

　　有一種平衡鳥的玩具十分有趣，無論你把鳥嘴放到任何地方，就算那個地方很狹窄，平衡鳥大都可以保持平衡，比如你把鳥嘴放到自己的手指上，整隻平衡鳥就像是叼住你一般，無論你到哪裡，平衡鳥也會跟著你，你覺得平衡鳥平衡的祕密是什麼？

🔍 物理小常識

▶ 重心 (center of gravity)：一物體各部分重力的合力作用點。很多物理問題可以把物體的重量集中在重心而加以研究。
▶ 槓桿 (lever)：能繞一支點轉動的硬棒。
▶ 力臂 (arm of force)：力的作用線與支點之間的垂直距離。
▶ 槓桿原理 (principle of lever)：施力 × 施力臂＝抗力 × 抗力臂，如圖 2-4-1 所示。
▶ 力矩 (moment of force)：力矩是力與力臂的乘積，可造成物體的轉動。

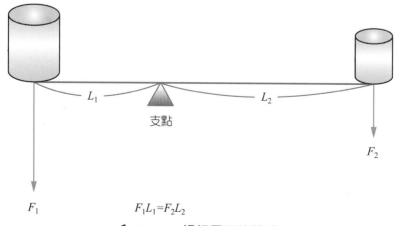

L_1　支點　L_2

F_1　　　$F_1 L_1 = F_2 L_2$　　　F_2

📌 **2-4-1　槓桿原理的說明**

平衡鳥的形狀是兩側對稱，而且重量集中在鳥嘴，也就是鳥嘴是重心所在，當我們把鳥嘴放在某個地方，根據槓桿原理，鳥嘴就成了支點，兩側翅膀到鳥嘴中心線的距離就成了力臂，當兩側力臂等長，且兩側對稱時，加上重心位於支點上，使得合力矩為零，平衡鳥就可以平衡了。

動動腦、動動手

自己動手做一個平衡鳥：將塑膠製成的 L 形文件夾剪成一個長方形，如同名片一般大小，將較長的一邊對摺，在上面畫出鳥的半邊圖，畫的時候要注意鳥嘴前緣不要超過寬的一半，同時鳥的翅膀盡量伸展到斜對角（如圖 2-4-2 所示），沿著畫好的線剪開，將剪好的鳥的翅膀稍微展開（如圖 2-4-3 所示），試著把鳥嘴放到自己的手指上，看看能不能保持平衡，如果不能，就在翅膀兩端用迴紋針一根根夾住，直到鳥兒能平衡為止，於是一隻可愛的平衡鳥就完成了，你可以嘗試將它放在生活周遭的任何角落。

📌 2-4-2　平衡鳥製作圖：沿著虛線剪開

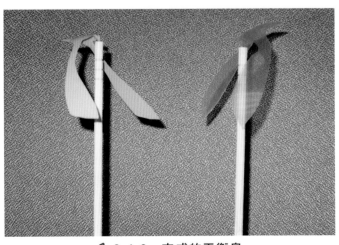

📌 2-4-3　完成的平衡鳥

問題 2-5 如何判斷生雞蛋還是熟雞蛋？

如果你手上有一顆雞蛋，在不能打破雞蛋的前提下，如何判斷雞蛋是生的還是熟的？

方法是將雞蛋放在桌面，用手把雞蛋迅速轉動，接下來將手放開，觀察雞蛋轉動的情形，如果雞蛋轉動得很順暢，則為熟蛋；相反地，如果轉動得不順暢，則為生蛋。

請想一想，以上的判斷方法運用了哪項物理原理？

🔍 物理小常識

▶ 慣性 (inertia)：物體有一種保持原有狀態的特性，稱之為慣性。

答案揭曉

　　熟蛋轉得順暢，生蛋轉得不順暢，原因是慣性。所謂慣性是物體有一種保持原有狀態的特性。

　　熟蛋在桌上轉動得很順利，這是因為熟蛋中的蛋黃和蛋白都已經凝固成固體，與蛋殼連成一個整體，一起受力，所以可以順利的轉動。

　　但是生蛋在轉動時，由於蛋白和蛋黃都是流體，只有蛋殼是固體承受大部分力量，而蛋白和蛋黃幾乎未受力。所以蛋白和蛋黃因慣性幾乎停留不動，進而阻礙蛋殼的轉動，所以生蛋的轉動就不順暢了。

 動動腦、動動手

　　用手轉動桌上雞蛋，待雞蛋轉動一段時間之後，突然按停雞蛋並立即縮手，如果縮手後雞蛋還能自動再轉動幾下，代表這是生蛋還是熟蛋呢？

 **2-6** 跳車要怎麼跳才不會受傷？

從火車上跳車有一個說法，如果能看清楚火車的鐵軌，就可以跳車；如果已經看不清楚火車的鐵軌，就不可以跳車。顯然車速越慢跳車越安全，車速越快跳車越不安全。

另外在電影中常常看到跳車的畫面，在車速很快的情形下，只見男主角身手俐落，跳車後都安然無事，還可以繼續追捕歹徒，但在現實生活中所發生的跳車事件，比如人質為了要逃脫壞人的控制因而跳車，幸運的也許安然無恙，不幸的卻常常導致嚴重傷害，顯然如何跳車是有一套方法，你認為該怎麼跳才不容易受傷呢？

🔍 物理小常識

▶ 慣性 (inertia)：物體有一種保持原有狀態的特性，稱之為慣性。

▶ 牛頓第一運動定律 (Newton's first law of motion)：又稱慣性定律，在外力合為零的情況下，靜止的物體維持靜止，運動的物體維持等速度直線運動。

▶ 牛頓第二運動定律 (Newton's second law of motion)：又稱運動定律，物體的受力 F 等於質量 m 與加速度 a 的乘積，即 F=ma。

答案
揭曉

　　根據牛頓第一運動定律，物體在不受外力的狀態下，靜者恆靜，動者恆作等速直線運動，也就是物體有一種保持原有狀態的特性，稱之為慣性。所以當跳車者跳離車子的時候，由於慣性的緣故，跳車者的速度將與原來的車速相同，接下來當跳車者碰到地面的時候，地面會給予跳車者摩擦力，使得跳車者的速度減慢而至停止，根據牛頓第二運動定律：

$$F = ma$$
$$= m\frac{\Delta v}{\Delta t}$$
$$= m\frac{0 - v_{車}}{\Delta t}$$

作用力＝質量 × 加速度

＝ 質量 × $\dfrac{速度改變量}{時間改變量}$

＝ 跳車者的質量 × $\dfrac{末速 - 初速}{從著地到停止所需時間}$

　　跳車者的初速即是車速，跳車者最後停下來故末速為 0，由牛頓第二運動定律可以看出跳車者的受力 F 與質量 m、速度改變量 Δv、時間改變量 Δt 等三項有關，其中質量 m、速度改變量 Δv 都是既成的事實無法改變，跳車者唯一能做的是拉長時間的改變量 Δt，才能使得受力減到最小。

　　因此跳車者在跳車時必須順著車子前進的方向跳，著地的瞬間不要企圖停下來，而應該繼續向前跑，然後再慢慢停下來，如此一來，將可拉長從著地到停止下來的時間，使得受力跟著減小，跳車者才不容易受傷。

　　縱然懂得如何跳車，但跳車仍然是一件非常危險的事，一般而言當車速超過時速 40 公里時，跳車者就很危險，因此除非遇到緊急危難，否則千萬不要嘗試。

動動腦、動動手

　　一位 100 公尺可跑 10 秒的運動健將從一輛時速為 60 公里的車子上跳下車，你認為他危不危險？

 2-7 擲球的仰角要多少才能丟得最遠？

　　將物體（不一定是球）投得很遠，在很多比賽中常常看得到，比如擲鉛球、擲標槍等，在軍隊中還有手榴彈的擲遠比賽，甚至在籃球比賽中偶爾也出現擲遠的動作，例如在最後一刻有球員將球從後場直接丟到前場的籃框，說不定會因此影響到比賽勝負，可見擲遠在很多場合中是很重要的。不同的擲遠活動當然有不同的技巧，我們將只從擲遠仰角的觀點來討論如何才能丟得最遠。

🔍 物理小常識

▶ 加速度 (acceleration)：加速度 a 指速度 v 對時間 t 的變化率，即 $a = \triangle v / \triangle t$，若物體作等加速度運動，可得 $\triangle v = V_{末} - V_{初} = aT$（T 為運動時間）。

▶ 牛頓第一運動定律 (Newton's first law of motion)：又稱慣性定律，在外力合為零的情況下，靜止的物體維持靜止，運動的物體維持等速度直線運動。

▶ 牛頓第二運動定律 (Newton's second law of motion)：又稱運動定律，物體的受力 F 等於質量 m 與加速度 a 的乘積，即 $F = ma$。

答案揭曉

假設斜向拋射的初速為 V_0，拋射仰角為 θ，拋射時間為 T，拋體水平位移為 D（如圖 2-7-1 所示），顯然我們想知道仰角 θ 是多少時會使得水平位移 D 為最大？

斜向拋射的運動可分為水平方向與垂直方向兩個部分來討論：

1. 拋體在水平方向不受力，按照牛頓第一運動定律，拋體在水平方向將維持等速度運動，而此速度將是初速的水平分量 $V_0\cos\theta$，故水平位移等於水平速度與時間的乘積，即 $D=(V_0\cos\theta)(T)$。

2. 拋體在垂直方向受地心引力的作用，按照牛頓第二運動定律，拋體在垂直方向將維持等加速度運動，而此加速度為 $a=-g$（g 為重力加速度，由於速度與加速度皆是有方向的物理量，在此我們設定往上取正，往下取負），在垂直方向的初速度為 $V_0\sin\theta$，在垂直方向的末速度為 $-V_0\sin\theta$，由於等加速度運動的物體其末速 $V_{末}$ 與初速 $V_{初}$ 具有 $V_{末}=V_{初}+aT$ 之關係，故得 $-V_0\sin\theta=V_0\sin\theta-gT$，化簡後得拋射時間 $T=\dfrac{2V_0-\sin\theta}{g}$。

結合上述水平與垂直方向之運動，我們可以得到下列結果：

斜拋物體的水平射程 $D=(V_0\cos\theta)(\dfrac{2V_0-\sin\theta}{g})=\dfrac{V_0^2\sin2\theta}{g}$

（註：$\sin2\theta=2\sin\theta\cos\theta$）

由於 $\sin2\theta$ 的最大值為 1 出現在 $2\theta=90°$ 時，所以當拋射仰角為 $\theta=45°$ 時，斜拋物體的水平射程 D 將達到最大為 $\dfrac{V_0^2}{g}$ 。

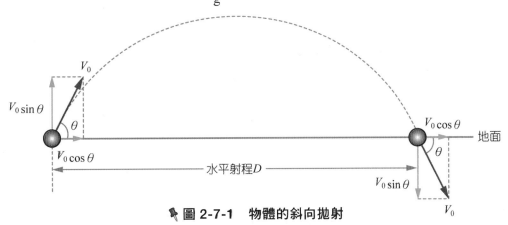

▶ 圖 2-7-1　物體的斜向拋射

動動腦、動動手

相同初速的條件下，拋射仰角 $\theta=45°$ 的水平射程是拋射仰角 $\theta=15°$ 水平射程的幾倍？

 為什麼用橡皮筋發射紙彈比用手投擲更具威力？

　　將一小張紙摺疊成紙彈，再用橡皮筋發射，打到人可是很痛，但若將同樣的紙彈改成用手投擲，打到人卻一點也不痛，這是不是因為橡皮筋的彈力比人的手力來得大呢？

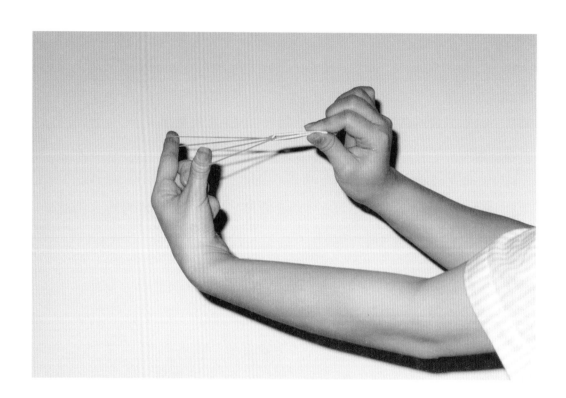

🔍 物理小常識

▶ 加速度 (acceleration)：加速度 a 指速度 v 對時間 t 的變化率，即 a= △ v/ △ t。
▶ 牛頓第二運動定律 (Newton's second law of motion)：又稱運動定律，物體的受力 F 等於質量 m 與加速度 a 的乘積，即 F=ma。

　　我們用手就可以拉斷橡皮筋，所以手的力量當然大於橡皮筋的彈力。根據牛頓第二運動定律：

$F=ma$ 作用力＝質量 × 加速度

也可以改變成 $a = \dfrac{F}{m}$ 加速度＝作用力／質量

　　由上可知，加速度與作用力成正比，與質量成反比。手的力量雖然大（相對於橡皮筋的彈力而言），但手臂的重量卻更大（相對於橡皮筋而言），於是用手投擲紙彈所產生的加速度就不會很大。

　　可是利用橡皮筋發射紙彈，橡皮筋的彈力雖沒手力來得大，但是整體（橡皮筋與紙彈）的質量卻很小，所以可以產生很大的加速度，所以用橡皮筋發射紙彈比用手投擲更具威力。

動動腦、動動手

　　利用橡皮筋發射一個一元硬幣與一個十元硬幣，在橡皮筋伸長量一樣的條件下，哪一個硬幣的發射加速度比較大？

火箭為什麼可以飛到外太空？

　　自從萊特兄弟發明飛機以後，開啟了人類的航空時代，可是無論飛機再怎麼改良，始終無法飛到外太空，人類的外太空之旅一直等到火箭的技術成熟後才變得可能，但是飛機與火箭兩者都使用噴射引擎，何以飛機無法飛到外太空，但是火箭卻可以呢？

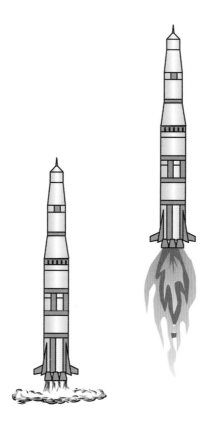

物理小常識

▶ 牛頓第一運動定律 (Newton's first law of motion)：又稱慣性定律，在外力合為零的情況下，靜止的物體維持靜止，運動的物體維持等速度直線運動。

▶ 牛頓第三運動定律 (Newton's third law of motion)：又稱作用與反作用定律，物體受外力作用時，必產生一反作用力，作用力與反作用力大小相等，方向相反，但作用在不同物體上，所以不能互相抵消。

答案揭曉

　　如果你將一個吹得飽飽的汽球突然放掉，那麼汽球會往噴氣的相反方向飛去，這是利用牛頓第三運動定律（作用與反作用定律），同樣的道理也可以解釋，不論飛機還是火箭，當它們往後方噴射出氣體時，此氣體也會給予對方一個大小相等但方向相反的力，於是飛機與火箭就可以得到前進的力量。

　　可是，飛機上升的力量其實是來自空氣的壓力差，如果沒有空氣，飛機無法起飛，更何況飛機引擎運轉需要氧氣的助燃，所以如果沒有空氣，那麼飛機將完全喪失推進動力，只能停在原地不動。

　　當中國人還在玩沖天炮的時候，西方人已利用沖天炮的原理發明了火箭，沖天炮所使用的火藥，相當於火箭的固態燃料，在點燃時只需少量的氧氣助燃，就可發生爆炸燃燒，燃燒噴射出去的氣流促使火箭升空。一旦火箭到了外太空，在無重力的情況之下，按照牛頓第一運動定律（慣性定律）「物體在不受力的狀態下，靜止的永遠靜止，運動的永遠作等速度直線運動」，所以這時可關掉引擎，火箭仍然會按照原來的速度前進，除非這時要讓火箭改變速度大小或方向，才有必要讓引擎重新點火，由於外太空沒有氧氣，所以火箭還是需自備氧氣來助燃。

動動腦、動動手

　　依照牛頓第三運動定律（作用與反作用定律），電風扇吹風出來，照理這些被吹出的空氣也會給予電風扇一個大小相等但方向相反的力，可是我們怎不見電風扇往後退？

2-10 拔河比賽只是比誰力氣大嗎？

兩隊比拔河，下列幾種情況哪一隊會獲勝？

情況一：大人對小孩

情況二：男生對女生

情況三：胖子對瘦子

上述三種情況，大家都會猜是前面一隊贏，顯然力氣與體重是考慮拔河贏不贏的因素，可是如果再比較下列三種情況，你看哪一隊會獲勝？

情況四：未經訓練的大人對訓練有素的小孩

情況五：未經訓練的男生對訓練有素的女生

情況六：未經訓練的胖子對訓練有素的瘦子

上述三種情況，哪一隊會贏顯然就不一定了，所以訓練也是拔河贏不贏的因素。

🔍 物理小常識

▶ 牛頓第三運動定律 (Newton's third law of motion)：又稱作用與反作用定律，物體受外力作用時，必產生一反作用力，作用力與反作用力大小相等，方向相反，但作用在不同物體上，所以不能互相抵消。

▶ 摩擦力 (friction)：兩個互相接觸的物體作相對移動時，在移動方向上所產生的作用力。

答案揭曉

　　根據牛頓第三運動定律（作用與反作用定律），對於拔河比賽的兩隊（假設是甲與乙），甲方對乙方施了多大的拉力，則會同時出現一個大小相等但方向相反的力，也就是乙方對甲方也施了同樣的拉力，所以雙方之間的拉力只是決定勝負的因素之一。

　　我們想要推動一個物體，首先要克服的是物體與地面之間的摩擦力，也就是當施力大於摩擦力時，物體才有被推動的可能。所以拔河比賽勝負的關鍵就在於拉力與摩擦力，只要哪一方的拉力能大於對方的摩擦力，則對方就會被拉過來。

　　因此拔河獲勝的方法在於如何增加拉力與摩擦力，而這也是拔河訓練的目的之一，訓練時所培養的肌力、握力與技巧（如繩拉直、穩定、動作一致性等）就是為了增大拉力，這樣才能發揮強大的攻擊力。除了攻擊外也要懂得防守，防守的方法在於增強摩擦力，比如體重越重則摩擦力越大，穿著鞋底具較大摩擦係數的鞋子易於增加摩擦力，人向後仰以藉助對方的拉力來增大對地面摩擦力等，以上這些方法都會使得摩擦力加大以增加獲勝機會。

動動腦、動動手

　　拔河比賽不可將繩子纏繞手臂，你覺得是為什麼？

 **物體在地表的重量是不是都一樣？**

　　以前曾經發生過一則故事，一個商人在北歐一帶買了相當數量的魚貨，再用船將這些魚貨運到赤道地區的國家，清點魚貨時發現重量變輕了，但是魚的數量卻沒有少，當時大家都感到很奇怪，後來才發現物體在地表的重量與緯度有關，物體在緯度越高的地方重量越重，相反的，物體在緯度越低的地方重量越輕，只是物體的重量為什麼與緯度有關係？

🔍 **物理小常識**

▶ 萬有引力 (universal gravitation)：任何兩個具有質量的物體之間，都存在一種互相吸引的力量，稱為萬有引力，其大小與兩個物體質量成正比，與兩物體間的距離平方成反比。

▶ 地心引力 (the gravity of earth)：地球對物體的吸引力，也稱為地球重力。

▶ 重力 (gravity)：星球對物體的吸引力

▶ 重量 (weight)：物體接觸面所給予之反作用力，其來源是重力。

▶ 離心力 (centrifugal force)：從作圓周運動的物體（非慣性座標系）上來看，物體似乎存在向外拋出的力，這種力就叫離心力，所以離心力是一種在非慣性座標系的假想力。

答案
揭曉

地球上物體的重量受到地心引力的影響，引力越大，重量越大；引力越小，重量越小。依照萬有引力定律，萬有引力與兩物體間的距離成反比，由於地球是一個略扁的球體，所以緯度越高的地方離地心越近，因而引力越大；緯度越低的地方離地心越遠，因而引力越小。因此物體在緯度越高的地方重量越重，相反地，物體在緯度越低的地方重量越輕。

另外由於地球本身會自轉，所以物體的重量還受到地球自轉時所產生的離心力的影響，離心力抵消著引力的作用，所以重量實際上是受地心引力與離心力兩個力的合力的影響，緯度越高的地方旋轉半徑越小，所以離心力就越小；緯度越低的地方旋轉半徑越大，所以離心力就越大。因此物體在緯度越高的地方重量越重，相反地，物體在緯度越低的地方重量越輕。

根據計算，物體在極地的重量要比在赤道大 0.53%，也就是一個 1,000 公克重的物體從北極運到赤道，其重量會減少 5.3 公克重，5.3 公克雖然不大，可是如果你運的是 1,000 公噸重的漁獲，可就會減少 5.3 公噸重，那差別可就很多了。

動動腦、動動手

身處在亞熱帶台灣的你，如果有一天到日本北海道旅遊，你的體重會增加還是減少？

 **2-12** 電梯在升降的時候體重會不會改變？

　　每個人都應該有過這樣的感覺，當電梯上升加速之初覺得體重好像變重，然後電梯維持等速過程覺得體重好像恢復正常，等到電梯減速停止過程又覺得體重好像減輕；另外當電梯下降加速之初覺得體重好像減輕，然後電梯維持等速過程覺得體重好像恢復正常，等到電梯減速停止過程又覺得體重好像變重。那麼，當電梯在升降的時候體重到底會不會改變？還是那只是一種錯覺呢？

🔍 物理小常識

▶ 地心引力 (the gravity of earth)：地球對物體的吸引力，也稱為地球重力。
▶ 重力 (gravity)：星球對物體的吸引力。
▶ 正向力 (normal force)：物體所受來自接觸面垂直的力。
▶ 重量 (weight)：物體接觸面所給予之反作用力，其來源是重力。

答案
揭曉

　　假想人站在電梯裡的一個體重計上面，此時人受到兩個力的作用，一個是地球給人的吸引力 mg（方向向下），另一個是體重計給人的正向力 N（方向向上），於是人所受的合力是 F=N–mg。在此要特別了解，正向力 N 其實來自於人給體重計一個向下的力，於是體重計也給了人一個同樣大小但方向向上的反作用力 N，所以體重計顯現的讀數（也就是體重）就是來自於人給體重計的力 N。

　　當電梯上升加速之初（假設加速度為 a），則人所受的合力是 F=N–mg=ma，於是當時人的體重為 N=m(g+a)，此時人的體重變重了；接下來電梯維持等速上升，則人所受的合力是 F=N–mg=0，於是當時人的體重為 N=mg，此時人的體重恢復正常；等到電梯減速停止過程（假設加速度為 –a），則人所受的合力是 F=N–mg=–ma，於是當時人的體重為 N=m(g–a)，此時人的體重變輕了。我們可以用同樣的方法討論電梯下降過程中人的體重的變化。

　　上述討論以圖 2-12-1 說明：

🔖 圖 2-12-1　人在電梯裡力的分析

　　請實際在電梯裡放一個體重計，順著電梯的升降看看體重的變化。

問題 2-13 為什麼腳踏車的輪子不設計成三個呢？

　　三輪的車子不論在靜止或運動狀態都很穩定，就算平衡感再差也會騎，因此兒童一開始騎車都是從三輪車開始，平衡感不好的人學腳踏車可是一件辛苦的事，三輪車容易騎，腳踏車不容易騎，可是三輪車卻沒有取代二輪的腳踏車，這是為什麼呢？

🔍 物理小常識

▶ 向心力 (centripetal force)：使物體作圓周運動的力。

　　三輪車不能取代二輪腳踏車的關鍵在於轉彎，物體需要向心力才能轉彎，可是轉彎時三輪車無法傾斜，僅能依靠人的傾斜提供一些向心力，所以三輪車無法作急轉彎，因為那需要相當大的向心力；反觀腳踏車作急轉彎時，可以人車一體傾斜（如圖 2-13-1 所示），於是提供了急轉彎所需的向心力，所以騎腳踏車可以靈活的運動，這就是腳踏車的輪子不設計成三個的主要原因。

　　你可能會問，那四個輪子的汽車為何也能急轉彎？因為汽車裝有由彈簧組成的懸吊系統，可以讓輪胎上下移動，使得汽車在轉彎時產生適當的傾斜，以提供轉彎所需的向心力。可是如果車速太快，那麼轉彎所需要的向心力就越大，而汽車的懸吊系統使汽車產生傾斜的幅度有限，這時在向心力不夠的情況下，就會導致汽車翻覆。

合力
支撐力
摩擦力
向心加速度

🔖 圖 2-13-1　腳踏車在轉彎時必須作適當的傾斜

💡 動動腦、動動手

(1) 賽車比賽的跑道在轉彎處被設計成傾斜狀，這是為什麼呢？
(2) 這個人騎腳踏車正往右彎還是左彎呢（如圖 2-13-1 所示）？

問題 2-14 潮汐的成因是什麼?

面對大海,看著潮來潮去,想起種種從前,心中也是波濤洶湧,於是唐朝詩人白居易寫了一首詩,詩名就叫做「潮」:

> 早潮才落晚潮來
> 一月周流六十回
> 不待光陰朝復暮
> 杭州老去被潮催

這首詩說明了大海潮汐的規律性,一天平均有兩回潮汐週期,我們不禁要問潮汐的成因是什麼?

🔍 物理小常識

▶ 萬有引力 (universal gravitation):任何兩個具有質量的物體之間,都存在一種互相吸引的力量,稱為萬有引力,其大小與兩個物體質量成正比,與兩物體間的距離平方成反比。

▶ 慣性座標系 (inertial frame):觀察者處於靜止或等速度運動時的座標系。

▶ 非慣性座標系 (non-inertial frame):觀察者處於加速度運動時的座標系。

▶ 離心力 (centrifugal force):從作圓周運動的物體(非慣性座標系)上來看,物體似乎存在向外拋出的力,這種力就叫離心力,所以離心力是一種在非慣性座標系的假想力。

答案揭曉

　　海水每天都有兩次漲落的主因在於月球引力。如圖 2-14-1 所示，當月球處在地球甲地的上空時，由於月球此時最接近地球甲地，因此月球對甲地海水的引力最大，引力加上地球自轉的離心力之合力稱為引潮力，於是該處海水被引潮力吸引過來，形成滿潮；另外在同一時間，地球另一面的丙地因為離月球最遠，所以月球對丙地海水的引力最小，在離心力的作用下使得丙地海水也出現滿潮。至於此時乙丁兩處的海水都被吸往甲丙兩地，所以乙丁兩處的海水呈現乾潮。

　　由於地球自轉一周所需的時間為一天，所以再經過半天（12 小時），甲地會變成最遠離月球，於是再發生一次漲潮，因此我們說海水每天都有兩次漲落。不過實際上每一次的潮汐週期為 12 小時又 25 分鐘，之所以多出 25 分鐘的原因，是地球自轉的同時，月球也在繞著地球公轉，考量月球公轉之後，我們發現需要兩個 12 小時又 25 分鐘（也就是 24 小時 50 分鐘），月球才又會出現在甲地上空，引起甲地滿潮（如圖 2-14-2）。

　　以上討論中似乎忽略了太陽的引力，那是因為萬有引力與質量成正比，而與距離平方成反比，太陽雖然質量比月球大，但是月球卻比太陽靠近地球，所以月球引力對潮汐影響較大，但是根據計算，太陽的引力對潮汐影響約為月球引力的 46%，所以要對潮汐問題作更仔細的討論時，也必須將太陽的引力考慮進去，例如當太陽、地球、月球三者排成一直線時，此時地球上位於該直線上的兩地（如圖 2-14-3 所示）引潮力會特別大，進而形成所謂的大潮。

📌 圖 2-14-1　潮汐成因

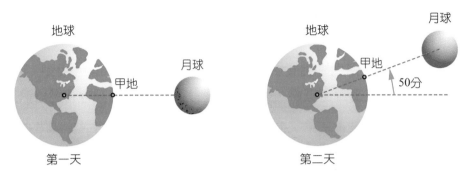

📍圖 2-14-2 潮汐一天發生兩次

📍圖 2-14-3 大潮

動動腦、動動手

▶ 根據以上討論，農曆初幾最容易形成大潮？

流體力學

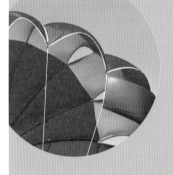

PHYSICS
and LIFE

本章學習地圖

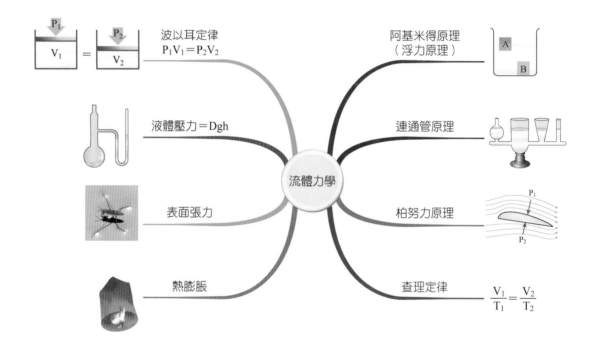

3-1　壓力

　　壓力是物體在單位面積所受到的垂直作用力（正向力），當受力面積相同時，壓力與正向力成正比；當正向力相同時，壓力與物體的受力面積成反比。

　　壓力的公式如下：

$$P = \frac{F}{A}$$

$$壓力 = \frac{正向力}{受力面積}$$

　　由於壓力是單位面積所受到的正向力，因此壓力的標準單位如下：

$$\frac{牛頓}{平方公尺} = \frac{N}{m^2} = Pa（帕斯卡）$$

3-2　大氣壓力

　　因為大氣有重量，所以產生大氣壓力，大氣壓力以地表最大，越往高處氣壓越小。

　　西元 1643 年義大利科學家托里切利將長約 1 公尺且一端封閉的中空玻璃管裝滿水銀後倒插在水銀槽中，結果玻璃管內水銀柱開始下降到垂直高度約 76cm 後不再下

降，此時管子上方的空間幾乎是真空，稱為托里切利真空。這 76cm 水銀高度所產生的壓力即為當時的大氣壓力。

托里切利實驗中水銀柱的高度變動只與大氣壓力的變化有關，與玻璃管傾斜程度、管徑大小與玻璃管總長度均無關。

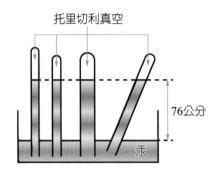

在緯度 45 度的海平面上，溫度為 0℃ 時的大氣壓力，可支持垂直高度 76 公分的水銀柱，此時的大氣壓力叫做一標準大氣壓力，記做 1atm 或 76 公分 - 水銀柱 (cm-Hg)。即

1 標準大氣壓（1 大氣壓，或 1atm）= 76 cm-Hg = 760 mmHg
= 1033.6 gw/cm^2

 **3-3** 波以耳定律

對於一個密閉容器中的氣體而言，氣體的質量是固定的，在溫度恆定條件下，當此容器的氣體體積越來越小時，代表空氣被不斷的壓縮，如此一來空氣的壓力將會越變越大。上述在密閉容器中的空氣壓力 P 與體積 V 的反比關係可用波以耳定律加以描述。

波以耳定律：PV = 定值 或寫成 $P_1V_1 = P_2V_2$（條件：定量與定溫）

 **3-4**　查理定律

　　查理定律 (Charles′s law)：當氣體壓力一定時，定量氣體的體積 V 與絕對溫度 T 成正比，查理定律可表示如下：

$$\frac{V_1}{T_1} = \frac{V_2}{T_2} \quad 或 \quad \frac{V_1}{V_2} = \frac{T_1}{T_2}$$

　　其中 V_1 是該定量氣體於絕對溫度 T_1 時之體積；V_2 是該定量氣體於絕對溫度 T_2 時之體積。

 3-5　靜止流體的壓力

　　靜止液體產生壓力的原因是因為液體具有重量，使得上層液體擠壓下層液體，於是產生液體壓力。靜止液體任一點受到各方面的壓力皆是相等，壓力大小只與液體密度 D 與距液面深度 h 有關，壓力的方向與作用面垂直。

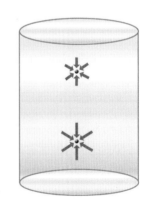

　　靜止液體壓力的公式如下：

　　P = Dgh

　　靜止液體壓力 = 液體密度 × 重力加速度 × 距液面深度

　　由靜止液體壓力的公式可知，靜止液體壓力與液體密度及深度皆成正比，而與容器形狀、底面積大小無關。

3-6　連通管原理與帕斯卡原理

　　若連通管的任何一個容器注入液體時,當液體靜止後,連通管內各容器的液面必在同一水平面上,這個現象稱為連通管原理。

　　連通管原理的成因是同一水平面上的液體壓力如果不同,液體會由高壓流向低壓,直到壓力相同為止,所以靜止液體的液面會維持在同一水平面上。例如自來水系統的儲水池設在高處,利用液體壓力,將水送至各用戶。又如噴水池、噴泉,水會由較低的管子噴出,噴出的水可以達到和其他管子相同的高度。

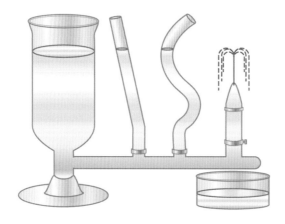

　　在密閉容器內的流體,任何一處受到壓力時,會以相同大小的壓力傳到容器和流體的其他部分,稱為帕斯卡原理。

　　當施力向下給活塞 A 時,根據帕斯卡原理會有如下結果:

A 活塞向下的壓力 = B 活塞向上的壓力

$$\frac{F_A}{A} = \frac{F_B}{B}$$

$$\frac{A的作用力}{A的截面積} = \frac{B的作用力}{B的截面積}$$

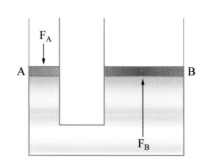

 浮力

物體在流體中（氣體、液體），受到流體給物體向上的力，稱為浮力。所以物體在流體中重量會減輕，減輕的重量等於浮力。除非物體體積大且質量小，否則一般在空氣中的浮力很小，可忽略不計。

如圖所示，以彈簧秤分別測得物體在空氣中與液體中的重量，則物體在液體中的浮力 B 為減輕的重量，計算公式如下：

浮力 $B = W_空 - W_液$

$W_空$：物體在空氣中的重量

$W_液$：物體在液體中的重量

浮力原理又稱為阿基米德原理，物體所受的浮力等於排開液體的重量，若為浮體則物重等於浮力，若為沉體則物重大於浮力。

3-8 柏努力原理

柏努力原理是指流體的流速越大則壓力越小，例如飛機上升的原因主要是依賴柏努力原理，觀察飛機的機翼的橫截面都呈現上方較彎曲且下方較平坦的現象，於是當飛機起飛時，在機翼前頭的空氣會分成兩股氣流分別流向機翼的上方與下方，此兩股氣流皆同時到達機翼尾端，所以上方的空氣流速比較快，相對的壓力就比較小，而空氣會從壓力大的區域（飛機下方）流向壓力小的區域（飛機上方），於是此時空氣就提供給飛機一個往上的升力。

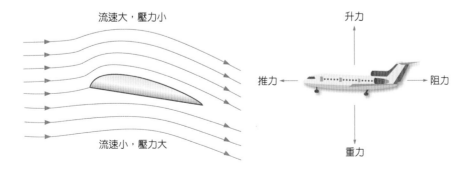

UNIT 03 流動力學

問題 **3-1** 鐵達尼號為什麼會撞上冰山？

　　在西元 1912 年 4 月 14 日晚上 11 時 40 分歷史上發生了一件悲劇，當時號稱世界上最大的豪華郵輪鐵達尼號不幸在北大西洋撞上冰山而沉沒，超過 1,500 人在這次事件中喪生。

　　回溯事發之前的一幕，鐵達尼號正以 20.5 節（約 38 公里／小時）的速度前進，此時瞭望台人員突然發現前方 460 公尺處有一座高約 18 公尺的冰山，於是鐵達尼號試圖減速與轉向，然而這些補救動作都太晚了，冰山已在鐵達尼號的船身劃下一道長長的裂口，一場悲劇於是發生，徒留世人諸多的嘆息。

🔍 物理小常識

▶ 密度 (density)：物質的密度等於質量除以體積。

▶ 流體 (fluid)：液體與氣體之合稱。

▶ 浮力 (buoyancy)：物體浸在流體中所受到一個向上的作用力。

▶ 阿基米得原理 (Archimedes' principle)：物體所受的浮力等於排開流體的重量。若為浮體，則物重等於浮力，若為沉體，則物重大於浮力。

答案揭曉

　　造成鐵達尼號撞上冰山的因素很多，本文將僅從物理角度討論冰山的危險性，有一句話叫「冰山一角」，這是用來形容事件只外露了一小部分，而隱藏在底下的部分則更為龐大，之所以有這麼一句話是因為一座冰山在海面上與海面下的體積之比約為 1：9，也就是我們看得到的冰山體積僅占整個冰山的 $\frac{1}{10}$ 而已，所以當船上人員僅憑肉眼而看到冰山時，船隻往往來不及躲避，特別當船隻本身又有一定的航速時那就更加危險，所幸現代船隻都配有聲納設備，所以可以提早發現冰山而遠離災禍。

　　現在我們從阿基米得之浮力原理來討論冰山在海上的漂浮，依照浮力原理，浮體的物重等於浮力，而浮力又等於物體所排開的液體重。

　　已知冰山的密度：

　　$D_{冰}$是 0.92 g/cm^3，海水的密度 $D_{海}$是 1.03 g/cm^3，假設 $V_{冰}$代表冰山全部的體積，$V_{冰沉}$代表冰山位於海面下的體積，$V_{冰浮}$代表冰山位於海面上的體積，則產生下列推導：

　　冰山重量＝浮力

　　→冰山重量＝冰山排開海水的重量

　　→ $D_{冰} V_{冰} = D_{海} V_{冰沉}$

　　→ $0.92 (V_{冰沉} + V_{冰浮}) = 1.03 V_{冰沉}$

　　→ $\dfrac{V_{冰浮}}{V_{冰沉}} = \dfrac{1.03 - 0.92}{0.92} = \dfrac{0.11}{0.92} \approx \dfrac{1}{9}$

　　所以一座冰山在海面上與海面下的體積之比約為 1：9，也就是我們看得到的冰山體積僅占整個冰山的 $\frac{1}{10}$ 而已。

動動腦、動動手

　　假設現在浮在海上的冰山長得像一個正立方體，當冰山在海面上與海面下的體積之比約為 1：9 的時候，那麼冰山在海面上與海面下的高度之比是多少？

 **3-2** 為什麼冰山融化會造成海平面上升？

　　溫室效應是全人類必須嚴肅面對的環保課題，科學家預估全球日益暖化會使得極地大陸的冰原融化，造成海平面上升，進一步使得許多城市被淹沒。例如美麗的島嶼國家馬爾地夫因地勢甚低，全國的一千多個島嶼中沒有一個高度超過海平面兩公尺，如果溫室效應持續，馬爾地夫極有可能在百年內淹沒在汪洋大海中。

　　可是你可曾想過，冰塊融化並不會造成水面的上升，比如你可以將冰塊加入一杯水中一直到水滿為止，等到冰塊融化卻不會造成杯子水面上升而溢出，這不禁讓人覺得好奇，為什麼冰山融化會造成海平面上升，而冰塊融化卻不會造成杯子水面的上升呢？

🔍 **物理小常識**

▶ 密度 (density)：物質的密度等於質量除以體積。
▶ 流體 (fluid)：液體與氣體之合稱。
▶ 浮力 (buoyancy)：物體浸在流體中所受到一個向上的作用力。
▶ 阿基米得原理 (Archimedes' principle)：物體所受的浮力等於排開流體的重量。若為浮體，則物重等於浮力，若為沉體，則物重大於浮力。

答案揭曉

　　討論冰融化造成液面的升降需要了解兩個道理，一個是物質的密度等於質量除以體積，另外一個是阿基米得之浮力原理「浮體的物重等於浮力，而浮力又等於物體所排開的液體重。」根據上面的說法可產生如下推導：

$$\text{冰融化成水的體積 } V_{\text{冰}\to\text{水}} = \frac{M_{\text{水}}}{D_{\text{水}}} \qquad \left(\frac{\text{水的質量}}{\text{水的密度}}\right)$$

$$= \frac{M_{\text{水}}}{D_{\text{水}}} \qquad \left(\frac{\text{水的質量}}{\text{水的密度}}\right)$$

$$= \frac{D_{\text{液}} \times V_{\text{冰沉}}}{D_{\text{水}}} \qquad \left(\frac{\text{溶液的密度} \times \text{冰沉在溶液的體積}}{\text{水的密度}}\right)$$

　　於是我們得到一個結論：

$$\text{冰融化成水的體積} = \frac{\text{溶液的密度}}{\text{水的密度}} \times \text{冰沉在溶液中的體積}$$

　　所以當海中的冰山融化時，由於海水的密度是 1.03 g/cm³，水的密度是 1 g/cm³，故冰融化成水的體積 $= \frac{1.03}{1} \times$ 冰沉在海中的體積，可見冰融化成水的體積大於冰沉在海中的體積，這表示海中的冰山融化會造成海平面上升，利用同樣的方法可得冰塊融化不會造成水面的上升。

動動腦、動動手

　　現在有兩杯等量的水，一杯是純水，另一杯是鹽水，將冰塊加入此兩杯水中一直到水滿為止，等到冰塊融化，哪一杯的水會溢出來？讀者可親自做做看！

問題 **3-3** 聽說在人在死海中就算不會游泳也會浮起來，這是真的嗎？

　　死海的位置在以色列附近，它是個內陸湖而不是真正的海，因為只有約旦河流入，可是卻沒有其他河流流出，加上含鹽量極高，所以大家稱它為死海。在死海中確實可以浮起來，想一想，一個人仰身躺在死海上，一方面感受水的滋潤，一方面又可以欣賞藍天白雲，這可是一件十分愜意的事。

🔍 物理小常識

▶ 密度 (density)：物質的密度等於質量除以體積。
▶ 流體 (fluid)：液體與氣體之合稱。
▶ 浮力 (buoyancy)：物體浸在流體中所受到一個向上的作用力。
▶ 阿基米得原理 (Archimedes' principle)：物體所受的浮力等於排開流體的重量。若浮力大於物重則上浮，若浮力小於物重則下沉。

根據阿基米得原理，物體所受的浮力等於排開液體的重量。物體的質量等於物體體積乘以物體密度，而物體全部浸在液體中所受的浮力等於物體體積乘以液體密度，因此當物體的密度比液體的密度小時，物體所受的浮力就會大於重量，此時物體將會上浮。

所以人在死海中會浮起來的關鍵在於密度，由於死海的含鹽量高達 30% 以上，比起一般海水 3.5% 的含鹽量高出甚多，所以死海的密度會大於人的密度，因此人在死海中就算不會游泳也會浮起來。

動動腦、動動手

將雞蛋放入水中會沉下去，請你不斷地加鹽溶解到水中，看看雞蛋有什麼變化（如圖 3-3-1 所示）？

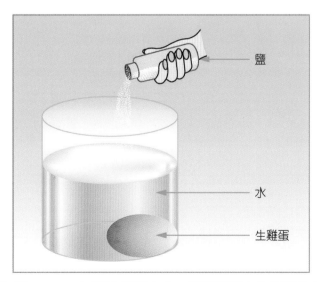

鹽

水

生雞蛋

▲ 圖 3-3-1　加鹽溶解到水中，看看雞蛋有什麼變化？

天燈是如何飛上天的呢？

　　天燈又稱孔明燈，相傳為三國時代的孔明所發明，當時是為了要傳遞軍情，後來流傳到民間，成為消災祈福的工具，現在每年元宵節時新北市平溪區的放天燈已成為台灣重要的民俗活動之一，看著冉冉上升的天燈在夜空中綻放光明，你會不會有一種莫名的感動在心頭呢？

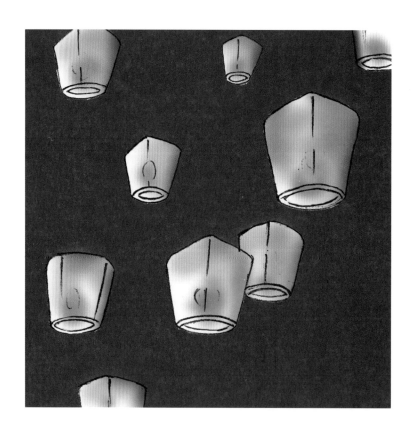

🔍 物理小常識

▶ 熱膨脹 (thermal expansion)：物質受熱而膨脹的現象稱為熱膨脹。
▶ 密度 (density)：物質的密度等於質量除以體積。

答案揭曉

　　古人觀察到火堆產生的煙或熱氣會往上飄，聰明的孔明就利用熱空氣上升的現象設計了天燈，其作法是利用薄紙做成的燈籠，在它內部裝入會燃燒的棉球，加熱燈籠內部的空氣後，燈籠就飛起來了。

　　天燈飛上天的原理是利用底部加熱的方式使內部的空氣遇熱而膨脹，但因天燈的容積有限，於是多餘的空氣就會跑出天燈外，造成整個天燈的平均密度小於外在的空氣密度，故天燈得以飛上天空。

　　而除了天燈以外，人類還利用熱膨脹的原理發明了熱汽球，在飛機還沒普遍之前，熱汽球也曾被用來作為空中的交通工具。現在我們利用圖 3-4-1 解釋此一熱膨脹的過程。

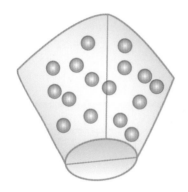
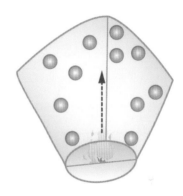

尚未點火前，天燈內的
空氣分子密度與大氣是一樣的
(a) 點火前

點火後，天燈內的空氣分子
受熱密度降低，質量減輕，故上升
(b) 點火後

圖 3-4-1　天燈

動動腦、動動手

　　茶包天燈製作：將紙茶包的頂端剪掉，倒出裡面的茶葉，留下的紙袋捲成圓筒狀（此時紙筒的兩端都是開口），將紙筒直立在地面上，以打火機點燃紙筒的上端，於是當火焰燃燒到紙筒的下端時，我們就可見到一個茶包天燈飛上天了（如圖 3-4-2 所示）。

(a) 剪掉茶包的頂端　　　　(b) 紙袋捲成圓筒狀　　　　(c) 飛上天的茶包

圖 3-4-2　茶包天燈製作

問題 3-5 潛水艇浮潛的原理是什麼？

像魚兒般在水裡優游自在是人類長久的夢想，這個夢想自從工業革命瓦特發明蒸汽機後開始變得可能。

在西元 1893 年美國人西蒙萊克建造了他的第一艘潛水艇，其後再經不斷的改良，於西元 1897 年完成世界第一艘雙層殼體的潛水艇（亞古爾號），並於隔年從諾福克航行到紐約，成為歷史上第一艘在公海潛航的潛水艇，所以後人稱萊克為潛水艇的發明人。另外，與萊克同一時期的霍蘭也於西元 1897 年完成一艘同時擁有汽油發動機與電動機的雙推進潛水艇（霍蘭號），這艘潛水艇無論在水上航行或在水底潛行，性能都相當優越，被公認是現代潛水艇的始祖，因為霍蘭對潛水艇的貢獻很大，所以後人稱霍蘭為現代潛水艇之父。

🔍 物理小常識

▶ 密度 (density)：物質的密度等於質量除以體積。
▶ 流體 (fluid)：液體與氣體之合稱。
▶ 浮力 (buoyancy)：物體浸在流體中所受到一個向上的作用力。
▶ 阿基米得原理 (Archimedes' principle)：物體所受的浮力等於排開流體的重量。若浮力大於物重則上浮，若浮力小於物重則下沉。

由阿基米得原理可以得知當物體的平均密度小於水的密度時，物體會上浮；反之，當物體的平均密度大於水的密度時，物體會下沉。

潛水艇浮潛的原理就是利用排水與吸水來改變潛水艇的平均密度，使潛水艇得以上浮或下潛。在潛水艇內部隔間中存有儲水艙與儲氣艙：當潛水艇欲上浮時，必須將儲氣艙內的空氣壓入儲水艙中，於是儲水艙的水被排出潛水艇外，則潛水艇重量減少，因為潛水艇的體積是固定的，所以重量減少會使得潛水艇整體的密度跟著減少，因此潛水艇得以上浮。當潛水艇欲下潛時，必須將儲水艙內的空氣吸回儲氣艙中，於是儲水艙氣壓下降使得海水流回潛水艇中，潛水艇重量上升，使得潛水艇整體的平均密度跟著上升，因此潛水艇得以下沉。

 動動腦、動動手

讓我們自己來做一艘潛水艇吧！其方法如下：使用一個附有橡皮塞的瓶子，在橡皮塞上鑽兩個孔，其中一個孔插上一根 U 形管，另一個孔插上一根附有橡皮軟管的空管子，於是一艘潛水艇就完成了，雖然簡陋，不過它也能浮潛，我們可以在橡皮軟管的開口處吐氣或吸氣，藉以調整瓶子內的水量使之浮潛（如圖 3-5-1 所示）。

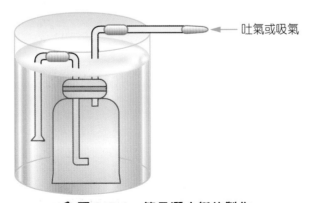

吐氣或吸氣

🐞 **圖 3-5-1　簡易潛水艇的製作**

問題 3-6 為何人不會被大氣壓力壓垮？

　　厚達數百公里的大氣層不知不覺中給我們一定的壓力，根據計算，地表每一平方公分的面積會承受約 1 公斤重的大氣壓力，按照這樣的算法，我們的兩肩如果以 100 平方公分的面積來算，那麼兩肩合計會受到 100 公斤重的大氣壓力，背負著這麼大的重擔，為什麼人不會被大氣壓力壓垮？

大氣壓力

100公斤重

物理小常識

▶ 大氣壓力 (atmospheric pressure)：大氣層對地面上物體所施加的壓力。

　　人不會被大氣壓力壓垮的原因是人的體內壓力與外界大氣壓力相同，內外兩個壓力互相抵消的結果，使我們沒有感到任何重擔壓在我們的身上。

　　假設我們現在處在海底，此時外界的壓力除了大氣壓力以外，還加上了水的壓力，但是人的內部還維持在原有的大氣壓力，於是多出的水壓會不斷地壓在人的身上，這就是人即使戴上氧氣面罩，還是無法潛到深海的原因。

　　另外，我們再假想一個人現在正處在外太空，那麼他即使戴上氧氣面罩，如果沒有穿著特別的服裝，由於外太空沒有空氣，因此外界不存在任何的壓力，但是人的內部還維持在原有的大氣壓力，於是人內部的壓力將使得整個身體向外膨脹，最後就像吹脹的汽球終於爆破，當然這是很慘的事，所以太空人都會穿著特製的抗壓力太空裝，以免發生上述災難。

動動腦、動動手

　　裝滿一杯水，在杯口蓋上一張紙，再把杯子倒過來，倒過來的時候用手掌將紙壓住杯口，防止水從側面流出，等到整個杯子完全倒過來之後，再把手移開，水並不會流下來（如圖3-6-1所示），這是為什麼？

🖋 圖 3-6-1　滿滿一杯水倒著放，只以紙蓋住，水並不會流下來

問題 3-7　吸盤是靠吸力吸住牆壁嗎？

　　有一些掛勾藉著塑膠吸盤附著在牆壁上，方便我們用來懸掛一些物品，常常有人會誤以為吸盤是靠吸引力吸住牆壁，其實吸盤附著在牆壁上是因為大氣壓力的關係，談到這裡，你可能會有兩個疑問，一個是吸盤如何藉由大氣壓力附著在牆壁上，另一個是大氣壓力究竟有多大，使得單靠吸盤就可以掛重物？

🔍 物理小常識

▶　大氣壓力 (atmospheric pressure)：大氣層對地面上物體所施加的壓力。

用手將吸盤緊緊壓向牆壁，將吸盤與牆壁間的空氣擠出，放手後，塑膠吸盤的彈性使得吸盤欲恢復原狀，造成吸盤與牆壁之間的密閉空間加大，因而形成部分真空，因此密閉空間的氣體壓力將遠小於大氣壓力，於是大氣壓力就將吸盤牢牢壓在牆壁上。

　　大氣壓力究竟有多大？在西元 1654 年，德國物理學家葛立克在馬德堡做了一個實驗，他將兩個中空的金屬半球接合在一起，然後將此金屬球中的空氣抽掉，此時大氣壓力將兩個金屬半球緊密的壓在一起，最後他在球的兩邊各用八匹馬拉不同的半球，才成功將兩個金屬半球拉開，可見大氣壓力威力之大，這就是著名的馬德堡半球的實驗（如圖 3-7-1 所示）。

　　我們也可以模仿馬德堡半球的實驗，將兩個一樣大小的吸盤互相對正，再用手擠壓兩個吸盤，使吸盤之間的空氣排出，接著你就會看到兩個吸盤緊緊吸住，但是由於吸盤之間的空間不是真空，因此一部分外界的大氣壓力被吸盤之間的氣體壓力所抵消，再加上吸盤的面積也不是很大，所以我們只要用手的力量就可以拉開這兩個互相吸住的吸盤。

🔖 圖 3-7-1　馬德堡半球的實驗

💡 動動腦、動動手

　　將吸盤緊壓在一個真空罐的內壁，然後蓋上真空罐的蓋子，再用唧筒將罐中空氣抽出，你猜吸盤會發生什麼事？

問題 **3-8** 馬桶能沖水的祕密是什麼？

你可曾想過為什麼馬桶能沖掉汙物？為什麼我們無論往馬桶倒多少水，馬桶水位總是保持一樣？為什麼地下室化糞池的臭味不會從馬桶裡傳出來？這些問題將會在以下的內容一一解答。

物理小常識

▶ 連通管原理：連通的水管或容器靜止時，兩側水位高度相同的現象叫做連通管原理（如圖 3-8-1 所示）。

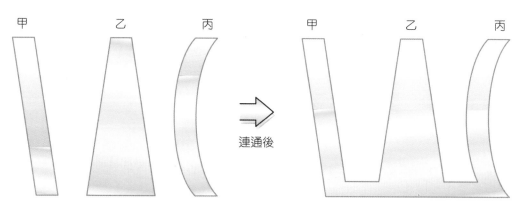

🔖 圖 3-8-1　連通管原理說明液面等高現象

答案
揭曉

　　從馬桶的剖面圖（圖 3-8-2）可知裡面隱藏了一個類似 U 字形的管子，這個 U 形管的一端（甲端）連接著一個開放的空間，負責承接汙物，另一端（乙端）則連著汙水管，一直通到地下室的化糞池。

　　在一般的情況下，根據連通管原理，甲乙兩端的水位應該保持相等，可是當你按下水箱的開關，使得大量的水流進甲端，於是甲端的水位瞬間升高，造成乙端的水位也跟著升高，這時乙端的汙水就會滿溢出來，沿著汙水管一直通到地下室的化糞池，等到水面平穩下來，U 形管內還是會留著一段水，水位恰等於乙端的高度，這也可以說明為什麼馬桶水位總是保持一樣；另外，正因為有這一段水形成了一個屏障，使得化糞池的臭味不會沿著汙水管而從馬桶裡傳出來。

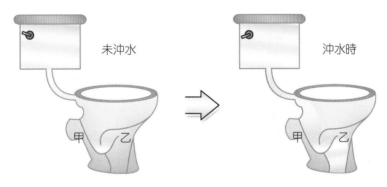

未沖水　　沖水時

甲　乙　　甲　乙

🔖 圖 3-8-2　馬桶的剖面圖

💡 動動腦、動動手

　　洗碗槽底下的水管也常採 U 形管的設計，這樣的設計有什麼功用呢？

問題 **3-9** 空氣槍的原理是什麼？

　　夜市有一種遊戲攤位，利用空氣槍射擊氣球，命中率越高，當然獎品就越豐富，你可曾玩過？

　　空氣槍射擊不用裝填火藥，就能把塑膠子彈射出去，其實這是利用空氣的力量。何以看不見的空氣有如此的威力呢？

🔍 物理小常識

▶ 波以耳定律 (Boyle's law)：一定質量的氣體在一定溫度之下，它的壓力與體積成反比。

答案揭曉

　　對於一個密閉容器中的空氣而言，氣體的質量是固定的，當此容器的體積越來越小時，代表空氣不斷地被壓縮，如此一來空氣的壓力將會越變越大。上述在密閉容器中的空氣壓力 P 與體積 V 的關係可用「波以耳定律：PV＝定值」加以描述，所以密閉氣體體積變大則壓力變小，相反地，密閉氣體體積變小則壓力變大。

　　我們以一個不含針頭的針筒為例，若用一隻手按緊筒口，再用另外一隻手推活塞，這時你會覺得筒內有很大的阻力阻止活塞前進，這是因為空氣被不斷地壓縮，使得筒內空氣的壓力越變越大。而空氣槍也是利用同樣的原理，當槍管內部空氣被外力壓縮後，造成管內空氣的壓力變大，最後使得槍口的子彈受壓過大而射出。

動動腦、動動手

　　自己做簡易空氣槍：將原子筆管的頭與尾切掉，取已經弄濕的衛生紙團分別塞入原子筆管的兩端，使兩端完全密閉，再利用竹筷子去推動一端的紙團，直到另一端的紙團射出為止（如圖 3-9-1 所示），於是你就可以進行空氣槍射擊了，但要注意不要射到別人的眼睛。

原子筆管　　　　　　　　　　　　竹筷

濕紙團　　　　濕紙團

📌 **圖 3-9-1　簡易空氣槍的製作**

問題 3-10　降落傘緩慢下降的原理是什麼？

　　在我國古代有神仙下凡的傳說，想像一個人能自天緩緩而降，除了神仙還有誰能做得到？但是現在卻有降落傘可以幫助我們實現夢想。在西方的歷史裡有一位畫家達文西，他在藝術的領域成就非凡，著名的「蒙娜麗莎的微笑」就是他的代表作，可是達文西其實也是一位科學家，他曾經對降落傘的設計下了一番功夫，並且研究出降落傘的設計圖，後來有人依他的設計圖製造出降落傘，還真的可以使人自天緩緩而降。

　　第一個在空中使用降落傘的人，是法國飛船駕駛員布蘭查德，他於西元 1785 年自熱汽球上放下一個降落傘，降落傘載有一隻狗，最後這隻狗還安全著地，過了幾年布蘭查德本人才真正利用降落傘自熱汽球跳下，不過他沒有像那隻狗那麼好運，這次的降落使他摔斷了腿。

🔍 **物理小常識**

▶ 地心引力 (the gravity of earth)：地球對物體的吸引力，也稱為地球重力。

▶ 空氣阻力 (air resistance)：物體在空氣中運動時，空氣會給予物體一個力量，阻止物體的前進，稱之為空氣阻力。

▶ 終端速度 (terminal velocity)：掉落的物體會受到重力與空氣阻力的作用，當空氣阻力增加到與重力相等時，物體將以等速度落下，此時的速度稱為終端速度。

降落傘是一片摺疊在袋子裡的布，其材質早期是絲織品，後來改成強韌又便宜的耐綸（又稱尼龍，是一種塑膠），人們背上此袋子，當自飛機跳出後，再拉動一個開關，使得降落傘迅速張開。由於空氣阻力的關係，使人可以自天緩緩而降。

　　物體掉落的過程同時受到地心引力與空氣阻力兩個相反方向的力的作用，地心引力把物體往下拉，空氣阻力遠比地心引力來得小，因此空氣阻力只能減緩物體下落的速度，由於空氣阻力與物體的迎風面積成正比，而降落傘的特色是重量輕且表面積大，因此降落傘可以使物體掉落時所受到的空氣阻力變大，如此一來，物體就能緩緩降落。

　　現代的降落傘用途越來越多元化，其功能除了載人以外，當然也可以用來載物，比如我們可以用降落傘將救難物資空降到災區，甚至太空船自外太空返回地球時，也需要降落傘來幫忙減低下降速度。

動動腦、動動手

　　簡易降落傘的製作：將塑膠袋裁成正方形，將此正方形連續對折三次，沿著底邊剪出等腰三角形，攤開後成為一個正八邊形，分別在正八邊形的八個角綁上線，線的長度約等於正八邊形的直徑長度，最後在線的另一端綁上某個懸掛物，於是一個簡易的降落傘就完成了（如圖 3-10-1 所示）。你可以改變傘的大小，看看不同大小的降落傘對協助物體降落的程度是否不同，也可以舉辦雞蛋降落比賽，看看誰的雞蛋可以安全降落。

對折三次　　底邊（開口）　　沿虛線剪開，然後攤開

✏ 圖 3-10-1　簡易降落傘的製作

問題 3-11　為什麼沸騰的油中加入水，會產生油爆現象？

　　下廚過程中，如果在沸騰的油中加入水，會產生油爆現象，高熱油滴飛濺到身上，那可是件危險的事，所以要非常小心。

物理小常識

▶ 絕對溫度 (absolute temperature)：溫度的國際單位制 (SI) 之單位是克爾文（Kelvins，符號為 K），此溫度標準又稱為絕對溫度。由攝氏換算成絕對溫度關係如下：

　　絕對溫度 (K) ＝攝氏溫度＋ 273

▶ 查理定律 (Charles's law)：當氣體壓力一定時，定量氣體的體積 V 與絕對溫度 T 成正比，查理定律可表示如下：

$$\frac{V_1}{T_1} = \frac{V_2}{T_2} \quad 或 \quad \frac{V_1}{V_2} = \frac{T_1}{T_2}$$

其中 V_1 是該定量氣體於絕對溫度 T_1 時之體積；V_2 是該定量氣體於絕對溫度 T_2 時之體積。

滾沸的油溫度遠超過水的沸點 100°C，當水滴到沸油中，立即吸熱而變成水蒸氣，體積急劇膨脹的水蒸氣就使它附近的沸油濺開來。

以下以 1 莫耳的水滴為例，因水的分子量為 18，表示一莫耳的水分子重量為 18 克，又由於水的密度為 1 g/cm³，因此 1 莫耳的水的體積為 18 cm³。

此外 1 莫耳的氣體在 0°C 及 1 大氣壓下，其體積為 22.4 公升。因此 1 莫耳的水蒸氣在 100°C 時，其體積 V 由查理定律可得

$$\frac{V_1}{V_2} = \frac{T_1}{T_2}$$

$$\frac{V}{22.4} = \frac{273+100}{273}$$

$$\therefore V = 30.6（公升）= 30.6 \times 10^3 (cm^3) = 30,600 (cm^3)$$

故水變為 100°C 的水蒸氣時，其體積增大的倍數為 $\frac{30,600}{18} = 1,700$（倍）

況且沸油溫度遠超過 100°C，因此水變為水蒸氣時，其體積增大的倍數將超過 1,700 倍。

 動動腦、動動手

定壓下，1 莫耳的氣體在 227°C 的體積是 127°C 的體積的幾倍？

問題 3-12　風箏是如何飛上天的呢？

　　放風箏是每個人兒時的歡樂回憶，想想自己努力製作風箏，再乘著風勢一邊奔跑一邊讓風箏升空，看著風箏漸漸飄向雲端，心中不由得充滿了成就感。

　　我國春秋戰國時代盛行一時的墨家創始人－墨子，不僅是位思想家，同時也是一位科學家，相傳風箏就是由他發明的，不過當時是用木材做成，稱為木鳶。到了東漢蔡倫造紙以後，風箏的材料才改成紙，稱為紙鳶，後來有人在紙鳶上面綁上風笛，於是當風一吹起，紙鳶就發出風笛的聲音，這種會發出聲音的紙鳶就稱為風箏。

🔍 物理小常識

▶　風力 (wind force)：風吹到物體所施予的作用力。
▶　重力 (gravity)：星球對物體的吸引力，在地球上稱為地心引力。

　　風箏飛起的過程中總共受到三個力的作用，這三個力分別是風力、重力與線的拉力，如果風箏停留在空中不動，那表示這三個力量達到平衡（如圖 3-12-1 所示）。

　　風箏乃是藉助風力而上升，因此風箏必須能擋住吹來的風，才能產生向上的力，所以我們必須使風箏的迎風面和地面保持一個傾斜的角度（迎角），此一迎角的產生可藉助提線適當的栓綁來達成。而通常為了防止風箏的旋轉，使風箏穩定的飛行，我們會在風箏的兩側加上兩翼，並且在風箏的底部加上尾巴（飄帶）。

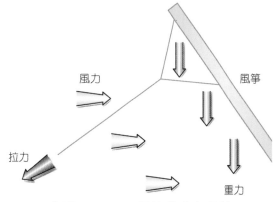

📌 圖 3-12-1　風箏的受力分析

 動動腦、動動手

　　風箏的製作：裁剪兩竹條（直竹條 60 公分、橫竹條 50 公分），以蠟燭燒烤橫竹條中央使竹條兩邊各彎曲 15 度，將直竹條 15 公分處搭在橫竹條正中央，使之成為對稱的類似十字形狀，並用膠帶或線綁好兩竹條交接處，將此固定好之竹架以膠水或膠帶黏貼在紙張上，在竹架四角畫出直線後用剪刀裁剪成為風箏主體，取紙帶貼上兩翼與飄帶，拿一長 75 公分的線綁在直竹條離上端 7.5 公分與離下端 22.5 公分處，當作提線，將放飛的風箏線綁住提線，使上提線與風箏面的夾角成為 80~90 度，如此風箏製作就大功告成（如圖 3-12-2 所示），可以找個好天氣去放風箏囉。

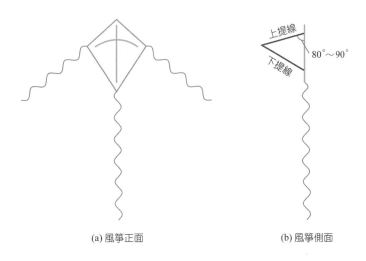

(a) 風箏正面　　　　　　　(b) 風箏側面

📌 圖 3-12-2 風箏的製作

 **3-13** 變化球的祕密是什麼？

在棒球比賽中常見投手投出的變化球使打者揮棒落空，變化球就是一種會轉彎的球，一個投手如果能投出速度快且變化多端的好球，一定會讓打者吃足苦頭，於是我們想問為什麼球會轉彎？

🔍 物理小常識

▶ 柏努力原理 (Bernoulli's theorem)：流體的流速越大則壓力越小。

答案
揭曉

變化球會轉彎的祕密在於投手投出的是一種旋轉的球，當球在旋轉時會造成旋轉面（區分成順時針與逆時針兩種旋轉方向）兩側的空氣流速產生差異，按照柏努力原理，流體的流速越大則壓力越小，於是球旋轉面兩側的空氣壓力因而不同，這個壓力差就使得球的行進發生彎曲現象（如圖 3-13-1 所示）。

所以當投手想要投出變化球時，必須依賴適當的肢體動作使球產生不同角度與不同方向的旋轉，於是會產生曲球、下墜球、上飄球等等不同的變化球，另外像足球場上的香蕉球會彎曲的祕密也如同棒球比賽的變化球，都是因為球的旋轉造成壓力差之故。

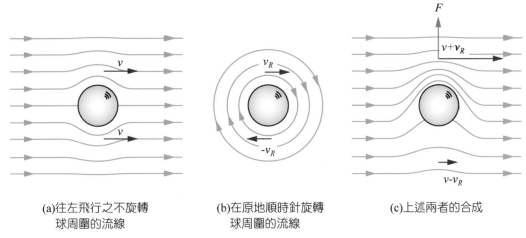

(a)往左飛行之不旋轉
球周圍的流線

(b)在原地順時針旋轉
球周圍的流線

(c)上述兩者的合成

📍 圖 3-13-1　球旋轉面兩側的壓力差

 動動腦、動動手

一個擅長變化球的投手到了月球上還能投出那麼厲害的變化球嗎？

Physics and Life

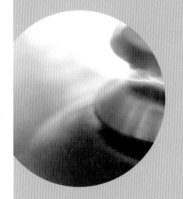

UNIT 04

熱

PHYSICS
and LIFE

本章學習地圖

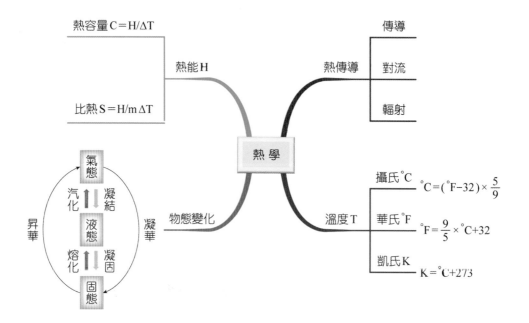

 溫度與熱量

4-1-1 溫度

表達物質冷熱程度的物理量，稱為溫度。而溫度計乃是利用物質隨溫度改變的某些特性（如體積、電阻、顏色、輻射光等）的變化以測定溫度，當兩個冷熱不同物體接觸一段時間後，兩物體會達到相同的冷熱程度，則稱兩物體達到熱平衡。例如水銀溫度計是利用液體體積的熱脹冷縮來測量溫度，電阻溫度計是一種使用已知電阻隨溫度變化特性的材料（通常為鉑）所製成的溫度計，液晶溫度計利用液晶的顏色隨溫度變化的特性製作，耳溫槍利用掃描耳膜產生的紅外線輻射來測體溫。

溫標有三種，分別是攝氏溫標、華氏溫標與凱氏溫標。

1. 攝氏溫標

攝氏溫標的符號為 °C。攝氏溫標的規定是在標準大氣壓下，純水的凝固點為 0°C，水的沸點為 100°C，中間劃分為 100 等份，每等份為 1°C。

2. 華氏溫標

華氏溫標的符號為 °F。華氏溫標的定義是在標準大氣壓下，冰的熔點為 32°F，水的沸點為 212°F，中間有 180 等分，每等分為 1°F。

3. 凱氏溫標

凱氏溫標又稱絕對溫標，符號為 K。凱氏溫標以絕對零度作為溫標的起始點 0 K，並用攝氏溫度為單位遞增，絕對零度相當於 –273°C。

1 大氣壓下	攝氏 (℃)	華氏 (℉)	凱氏 (K)
水的冰點	0℃	32 ℉	273K
水的沸點	100℃	212 ℉	373K
冰點與沸點分成	100 等分	180 等分	100 等分
每一等份	1℃	1 ℉	1K
人體正常體溫	37℃	98.6 ℉	310K
溫差	$1℃=\dfrac{9}{5}℉$, $1℉=\dfrac{5}{9}℃$, $1K=1℃$		
轉換公式	$F=\dfrac{9}{5}C+32$, $C=\dfrac{5}{9}(F-32)$, $K=C+273$		

4-1-2 熱量

溫度不同的兩物體間會有能量的轉移，因溫度不同而轉移的能量稱為熱量。熱量是一種能量，代表一種傳送或流動的量，但不是代表溫度冷熱的狀況。熱量的單位為卡路里，簡稱卡 (cal)，1 卡的定義是使 1g 的水溫度上升 1°C 所需的熱量。而 1 仟卡 (=1000 卡) 的能量可使 1 公斤的水溫度上升 1°C。

英國科學家焦耳 (James Joule, 1818~1889) 曾完成有名的焦耳實驗，證明力學能可以轉變為熱能。焦耳實驗將定量的水置於絕熱容器內，容器內設有槳葉，

實驗的進行是讓容器外的鋼錘自由落下，透過滑輪與承軸帶動槳葉轉動，槳葉與水磨擦產生的熱量，可由水溫的升高測得，焦耳發現由力學能轉變為熱能時，產生每單位熱量所需機械功是一個定值，他稱之為「熱功當量」，其值為 4.186 焦耳／卡。

使 1g 的物質溫度上升（或下降）1°C 所需吸收（或放出）的熱量，稱為該物質的比熱。比熱是物質的一種特性。不同物質的比熱不同；相同物質的不同狀態，比熱也不同。對同質量的物質，供給相同的熱量，則比熱大的物質，溫度升降較慢（難升難降）。例如烈日下沙灘溫度比海水高；夜晚時沙灘溫度比海水低，因為水的比熱大，砂的比熱小。

物質吸收或放出的熱量 H，公式如下：

$$H = MS\Delta T$$

H：熱量（卡，cal）

M：物質質量（克，g）

S：物質比熱（卡／克 °C，cal/g°C）

ΔT：溫差 (°C)

 **4-2**　熱的傳播

在自然的狀況下溫度不同的兩物體接觸時，熱量由高溫處傳向低溫處，當達到熱平衡時兩物溫度相同。熱的傳遞方式可分傳導、對流、輻射三種：

1. **傳導**：經由物體直接接觸，熱由高溫傳向低溫物體來傳播熱量的方式，稱為傳導。傳導是固體的主要傳熱方式，傳導效果最好的前三名依序是石墨烯、金剛石與銀。

2. **對流**：是液體與氣體（合稱流體）的主要傳熱方式，溫度較高的流體體積變大，密度變小，故會上升；溫度較低的流體體積變小，密度變大，故會下降。此種藉由熱流體上升、冷流體下降而傳熱的現象稱為對流。所以冷氣機要設在房間上方，暖爐要設在房間下方。

3. **輻射**：絕對溫度零度以上的物體都會由表面輻射出能量，此種熱能的傳遞不需經任何物質傳導，稱為輻射。例如太陽光經過沒有介質的外太空以輻射方式將熱傳向地球。黑色或粗糙的物體容易吸收輻射熱，也容易放出輻射熱；白色或光亮的物體不易吸收輻射熱，也不易放出輻射熱。

4-3　熱與物態變化

物質存在的狀態有固體、液體與氣體等三種，隨著物質的溫度變化，物質可以由一種狀態變成另一種狀態，這種物質狀態的轉換過程稱為物態變化。物質從固態變成液態的過程叫做熔化，從液態變成固態的過程叫做凝固，從液態變為氣態的過程叫汽化，從氣態變為液態的過程叫凝結，從固態直接變為氣態的過程叫昇華，從氣態直接變為固態的過程叫凝華。

　　熱可使純物質發生狀態改變或溫度改變，但狀態改變時，溫度維持不變。其中物質熔化時的溫度稱為熔點，沸騰時的溫度稱為沸點，凝結時的溫度稱為凝結點，凝固時的溫度稱為凝固點。定壓下，同一種物質的熔點溫度等於凝固點溫度，沸點溫度等於凝結點溫度。

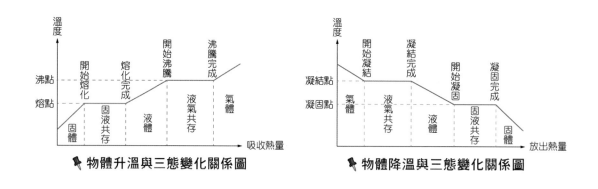

📌 物體升溫與三態變化關係圖　　　　　📌 物體降溫與三態變化關係圖

　　潛熱是單位質量的物質在相變化過程中，溫度沒有變化的情況下，吸收或釋放的能量。潛熱包括熔化熱、汽化熱、凝固熱與凝結熱，其中熔化熱與汽化熱的能量屬於吸熱性，凝固熱與凝結熱的能量屬於放熱性。

 **4-1** 熱水瓶的保溫原理是什麼？

　　熱會從高溫的物體流向低溫的物體，既然如此，熱水瓶裝著的熱水溫度遠較周遭環境的溫度高出許多，照理熱會從高溫的熱水流向低溫的環境，但是熱水瓶的熱水為何還能長時間維持高溫？

真空部分

雙層玻璃

塗布銀膜

🔍 物理小常識

▶ 溫度 (temperature)：表示物體冷熱程度的物理量稱為溫度。
▶ 熱能 (thermal energy)：兩物體間由於溫度差導致能量的轉移，此轉移的能量稱之為熱能。
▶ 傳導 (conduction)：是固體的主要傳熱方式，指熱能會經過物體，從溫度高的地方傳到溫度低的地方。
▶ 對流 (convection)：是流體的主要傳熱方式，藉由熱流體上升、冷流體下降而傳熱的現象稱為對流。
▶ 輻射 (radiation)：任何溫度下的物體都會由表面輻射出能量，此種熱能的傳遞不需經任何物質傳導，稱為輻射。

答案揭曉

熱能的傳遞方式可分三種：傳導、對流、輻射。

傳導：是固體的主要傳熱方式，指熱會經過物體，從溫度高的地方傳到溫度低的地方。

對流：是液體與氣體（合稱流體）的主要傳熱方式，溫度較高的流體體積變大，密度變小，故會上升；溫度較低的流體體積變小，密度變大，故會下降。此種藉由熱流體上升、冷流體下降而傳熱的現象稱為對流。

輻射：任何溫度下的物體都會由表面輻射出能量，此種熱能的傳遞不需經任何物質傳導，稱為輻射。

熱水瓶的瓶身一般採雙層設計，中間的夾層抽成真空，如此可以杜絕熱的傳導；當瓶蓋蓋好，整個熱水瓶近似密閉，如此可以杜絕熱的對流；在真空的隔層裏塗有反射塗料，可以把熱輻射反射回去，如此可以杜絕熱的輻射。所以熱水瓶可以保溫就是同時能杜絕傳導、對流、輻射這三種熱的傳遞，使得熱水的熱能幾乎不會散失，才可以長時間維持高溫。

動動腦、動動手

冷氣機通常裝在房間的上方，使冷空氣下降，熱空氣上升，才能讓冷氣迅速充滿房間（如圖 4-1-1 所示），這是運用了傳導、對流、輻射三者當中的哪個原理？

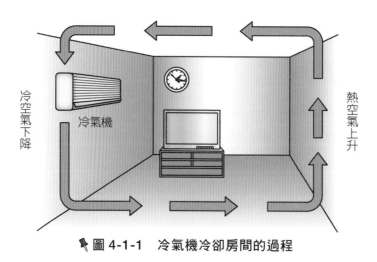

🔖 **圖 4-1-1　冷氣機冷卻房間的過程**

栗子為什麼要和沙子一起炒，才容易炒熟呢？

　　天氣冷時吃一些熱騰騰的糖炒栗子，那口齒留香的滋味實在叫人懷念，只是當我們在購買糖炒栗子的同時，你是否曾注意到小販是將栗子和著沙子一起炒，這是為什麼呢？

🔍**物理小常識**

▶ 傳導 (conduction)：是固體的主要傳熱方式，指熱能會經過物體，從溫度高的地方傳到溫度低的地方。

▶ 比熱 (specific heat)：使質量一克的物質升高攝氏一度所需的熱量，就叫做該物質的比熱。所以比熱大的物質溫度比較不容易產生變化，而比熱小的物質溫度容易產生較大的變化。

答案
揭曉

基於以下兩個理由，將栗子和著沙子一起炒是一種最佳的選擇：

理由一：由於沙子的顆粒遠較栗子為小，所以在炒時栗子四周都布滿了熱沙子，這樣可以使得栗子的傳導受熱均勻，比較不會出現靠鍋底的一面焦黑，而另一面卻半生不熟的情況發生。

理由二：沙子的比熱小，所以加熱時溫度升高得快，這樣一來，栗子周遭充滿了高溫的沙子，就比較容易被炒熟。

另外，如果你買來的是生的栗子，在家中也可以用電鍋蒸熟，只是其口感就不如炒栗子那般好吃了。

 動動腦、動動手

炒栗子的沙子有沒有其他的替代品？

4-3 白天在海邊的風會從哪邊吹過來？

　　風從海上吹向陸地稱為海風，相反的，風從陸地吹向海洋稱為陸風，一般而言，白天吹海風，晚上吹陸風，你覺得這是為什麼呢？

物理小常識

▶ 比熱 (specific heat)：使質量一克的物質升高攝氏一度所需的熱量，就叫做該物質的比熱。所以比熱大的物質溫度比較不容易產生變化，而比熱小的物質溫度容易產生較大的變化。

▶ 熱膨脹 (thermal expansion)：物質受熱而膨脹的現象稱為熱膨脹。

▶ 密度 (density)：物質的密度等於質量除以體積。

答案
揭曉

海洋是由海水組成，陸地是由砂石組成，海水與砂石是兩種不同的材質，不同的材質吸熱與散熱時溫度改變的情況也會不同，我們一般以比熱來描述物質吸熱與散熱時溫度改變的情況，比熱越大的物質，吸熱與散熱時溫度越不容易改變，比熱越小的物質吸熱與散熱時溫度越容易改變，拿海水跟陸地來比較，海水的比熱大，陸地的比熱小。

白天太陽同時照在海洋與陸地上，讓海洋與陸地吸了同樣的熱量，但是海洋的比熱大，於是溫度只升高一些，而陸地的比熱小，於是溫度升高甚多，所以較熱的陸地就會加熱地面上的空氣，地面上的空氣變熱而膨脹，使得密度變小，熱空氣因而上升，於是海面上的空氣就過來填補，形成了海風（如圖 4-3-1 所示）。

到了晚上，太陽不見了，於是海洋與陸地就形成兩個熱源，不斷向天空散熱，但是海洋的比熱大，於是溫度只降低一些，而陸地的比熱小，於是溫度急遽降低，相比之下，海洋反而比陸地熱，所以較熱的海洋就會加熱海面上的空氣，海面上的空氣變熱因而上升，於是地面上的空氣就過來填補，形成了陸風（如圖 4-3-2 所示）。

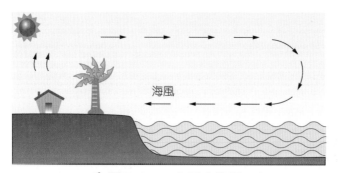

🔖 圖 4-3-1　白天吹海風

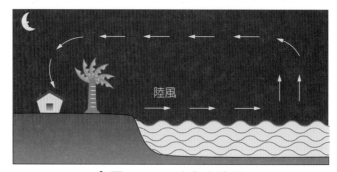

🔖 圖 4-3-2　晚上吹陸風

動動腦、動動手

大太陽底下同時有兩張椅子，一張是木頭做的，一張是鋼鐵做的，你會選擇坐哪一張椅子？再想想木頭與鋼鐵誰的比熱大？

 **4-4** 聖誕燈泡為何會一閃一閃的？

　　聖誕節到來時，西方國家最常用聖誕燈泡來裝飾聖誕樹，影響所及，我們也常會使用聖誕燈泡以慶祝節日，黑夜中只見聖誕燈泡一閃一閃的發亮，真是引人注目，如果有人告訴你聖誕燈泡一閃一閃的原理與電鍋跳電的原理相同，你會相信嗎？

🔍 **物理小常識**

▶ 膨脹係數 (coefficient of expansion)：當溫度每增加 1°C 時物質體積的改變量對 0°C 時物質體積的比值。

▶ 熱脹冷縮 (to expand when hot and to shrink when cold)：描述物質遇熱而體積膨脹、遇冷而體積收縮的現象。

答案揭曉

大部分物質都有熱脹冷縮的特性，但是不同的物質其熱脹冷縮的程度會不同，物理上以膨脹係數來說明物質熱脹冷縮的程度，所謂膨脹係數指的是當溫度每增加 1°C 時物質體積的改變量對 0°C 時物質體積的比值，所以物質膨脹係數越大表示越容易膨脹，物質膨脹係數越小表示越不容易膨脹。

聖誕燈泡一閃一閃的原理與電鍋跳電的原理，都是利用一種雙金屬片來控制通電與否，所謂雙金屬片是將兩種具有不同膨脹係數的金屬片接合在一起，當電流接通後，使得燈泡（或電鍋開關）內的溫度增高，因為膨脹係數大的金屬片膨脹得快，膨脹係數小的金屬片膨脹得慢，所以會造成膨脹係數大的金屬片向膨脹係數小的金屬片的方向彎曲（如圖 4-4-1 所示）。利用這種「溫度升高則雙金屬片彎曲，溫度降低則雙金屬片伸直」的特性，就可以控制通電與否，進一步控制聖誕燈泡的明滅與電鍋的跳電了。

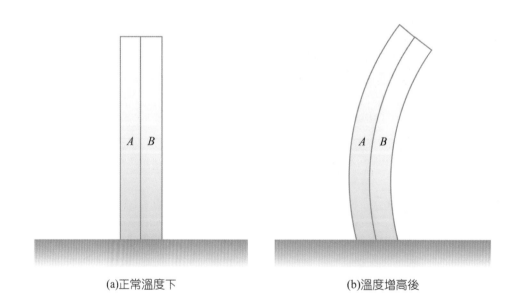

(a)正常溫度下　　　　　　　　　　　　　(b)溫度增高後

☝ 圖 4-4-1　雙金屬片（假設 A 金屬膨脹係數大於 B 金屬）

家裡是否還有什麼電器是利用雙金屬片來控制通電與否？

4-5 高速公路上為何每隔一段距離就會留一條縫隙？

　　高速公路上每隔一段距離就會留一條縫隙，這樣的設計在火車鐵軌上也是如此，這會不會是為了讓車輛經過時產生震動，提醒駕駛人不要睡覺的一種安全設計？

🔍 **物理小常識**

▶ 熱脹冷縮 (to expand when hot and to shrink when cold)：描述物質遇熱而體積膨脹、遇冷而體積收縮的現象。

答案
揭曉

　　高速公路或鐵軌每隔一段距離留下的縫隙稱為伸縮縫，物質大多具有熱脹冷縮的特性，所以在天氣炎熱的狀態下，高速公路的路面會膨脹變長，這時伸縮縫就可容納因變長而多出的路面，避免路面因熱膨脹而擠壓變形，鐵軌的伸縮縫設計也是如此。

　　伸縮縫的間隙太大或太小都不好，當間隙太大時，遇到嚴寒的天氣，路面遇冷收縮變短，這時間隙會更加擴大，容易造成行車的安全顧慮；當間隙太小時，遇到炎熱的天氣，路面遇熱膨脹變長，這時太小的間隙可能會無法容納因變長而多出的路面。所以工程人員在施工時需考慮當地的氣候以決定適當的伸縮縫間隙。

　　雖然很多結構體必須存在伸縮縫，才能避免因熱脹冷縮導致結構變形，可是有些結構體是無法存在伸縮縫的，例如輸油管不可能有伸縮縫，否則油就漏光了。可是由於輸油管往往很長，還是會面臨熱脹冷縮的問題，於是就讓輸油管每隔一段距離就彎成 U 形，如此一來就可解決油管因熱脹冷縮導致變形破裂的情況發生。

動動腦、動動手

　　物質大多具有熱脹冷縮的特性，但有極少數的物質會冷脹熱縮，試列舉出任一種！

 **4-6** 紙鍋子可以用來煮開水嗎？

　　紙最怕遇到火，紙鍋子也怕遇到火，然而已裝水的紙鍋子就不怕火，我們甚至還可以拿紙鍋子來煮火鍋，這是為什麼呢？

🔍 物理小常識

▶ 燃點 (ignition point)：物質開始燃燒的溫度稱為燃點。
▶ 傳導 (conduction)：是固體的主要傳熱方式，指熱能會經過物體，從溫度高的地方傳到溫度低的地方。

物質開始燃燒的溫度稱為燃點，不同的物質有其不同的燃點，例如紙的燃點約為 233°C，也就是當溫度超過 233°C 時紙才會燃燒起來。

當裝水的紙鍋子被加熱時，紙鍋子所吸收的熱量會傳導到水中，由於水沸騰的溫度是 100°C，另外在將水加熱的過程中，水會不斷地變成水蒸氣，水蒸氣也會帶走部分熱能。所以只要紙鍋子中還有水，紙鍋子的溫度就不會超過它的燃點 233°C，於是我們就可以拿紙鍋子來煮開水了。

讀者可能會躍躍欲試拿紙鍋子來煮開水，但請要十分小心，當加熱不夠均勻或紙板的導熱性欠佳時，很可能使紙鍋子的局部區域溫度過高，甚至有燃燒的可能。

動動腦、動動手

將紙板摺成盒子後裝水，以打火機在盒子底下加熱一分鐘，看看紙盒子是否會燒起來？

4-7 乒乓球不小心踩扁了，該怎麼辦？

　　打乒乓球一不小心常常會把乒乓球踩扁，這時如果將乒乓球丟棄，似乎很可惜，根據經驗可將被踩扁的乒乓球放到熱水煮一煮，只要乒乓球沒破或變形得太厲害，就會回復成球狀，這是為什麼呢？

　　另外煮水餃時，一開始水餃本來沉在底下，等到水餃熟了，就會變得圓鼓鼓的浮在水上，這種現象與乒乓球受熱回復成球狀似乎類似，這兩者究竟有無關聯呢？

煮乒乓球

煮水餃

🔍 **物理小常識**

▶ 熱膨脹 (thermal expansion)：物質受熱而膨脹的現象稱為熱膨脹。

從微觀的角度來看，乒乓球受熱時球內氣體分子的運動速率會提高，於是球內氣體分子會以較大的速率碰撞球壁，使得球壁內部承受了較大的壓力，所以壓扁的部分會重新變為球形。

從巨觀的角度來看，乒乓球受熱時球內氣體也跟著受熱，當氣體溫度升高時，氣體體積就會受熱膨脹，於是氣體膨脹的力量會使得壓扁的部分重新變為球形。

只是一旦乒乓球產生破洞，這時無論如何加熱也無法使乒乓球回復成原狀，因為受熱膨脹的氣體分子會從這個破洞跑出去，於是球內氣體壓力就無法提高，進而無法使壓扁的部分重新變為球形。

煮熟的水餃也會因熱膨脹的關係，使得水餃變得圓鼓鼓的，導致水餃的密度變輕而浮在水上，這與壓扁的乒乓球受熱變回球形是類似的道理。

 動動腦、動動手

使用微波爐加熱食品時，盡量不要使用密閉的容器，否則有爆炸的危險，這是為什麼？

為什麼滾熱的砂鍋要避免放在很冷的地方？

　　阿花用砂鍋燉好了一鍋雞湯，正想享用的時候，又覺得雞湯太燙了，於是阿花臨時起意將整個砂鍋放到冷水中冷卻，只聽到劈里啪啦一聲，砂鍋竟然裂成兩截，整鍋雞湯付諸流水，這下子真的成為「落湯雞」了，阿花不禁咒罵起砂鍋的品質不好，你覺得這是砂鍋的錯嗎？

🔍物理小常識

▶ 傳導 (conduction)：是固體的主要傳熱方式，指熱會經過物體，從溫度高的地方傳到溫度低的地方。

▶ 熱脹冷縮 (to expand when hot and to shrink when cold)：描述物質遇熱而體積膨脹、遇冷而體積收縮的現象。

答案揭曉

　　滾熱的砂鍋放在很冷的地方容易破裂，這是因為砂鍋很厚且不利於熱的傳導之緣故。當滾熱的砂鍋放在很冷的地方（如冷水、冰箱），這時砂鍋外部急速冷卻，根據物質熱脹冷縮的現象，砂鍋外部開始收縮，但由於砂鍋導熱不佳使內部仍然處於高熱的狀態，這時砂鍋外部收縮但內部卻沒收縮，於是導致砂鍋易於斷裂。

　　砂鍋導熱不佳使得熱砂鍋遇冷易斷裂，勉強可算是一個缺點，但也因導熱不佳使得砂鍋成為燉煮食物的利器，這是因為當砂鍋內的食物慢慢達到沸騰後，就算將火關掉，但因為砂鍋散熱慢，使得砂鍋內食物的溫度還是能維持一段時間的高溫，所以使用砂鍋燉煮食物是很合適的。

　　話說回來，如果阿花覺得砂鍋內的雞湯太燙，只要將雞湯舀起來放到鋁鍋中，由於鋁鍋的導熱快，同樣地，散熱也快，甚至將整個鋁鍋放到冷水中也不會有破裂的危險，於是她就可以很快地喝到美味的雞湯了。

動動腦、動動手

　　大家都有在野外烤肉的經驗吧，當烤肉完畢，用水將火澆熄之際，如果火堆當中有燒紅的石頭碰到水，往往就會裂開來，這是為什麼呢？

 4-9　冬天沖開水時，要使用厚的玻璃杯還是薄的玻璃杯裝？

　　千萬不要以為用越厚的玻璃杯越不容易破，事實正好相反，根據經驗，當你在冬天沖開水時，如果使用厚的玻璃杯裝，那麼這個杯子容易破裂，但是如果你使用的是薄的玻璃杯就比較不會破裂，這是為什麼呢？

厚玻璃杯

薄玻璃杯

厚玻璃杯好還是薄玻璃杯好？

🔍 物理小常識

▶ 熱膨脹 (thermal expansion)：物質受熱而膨脹的現象稱為熱膨脹。
▶ 傳導 (conduction)：是固體的主要傳熱方式，指熱會經過物體，從溫度高的地方傳到溫度低的地方。

答案
揭曉

　　厚的玻璃杯會破的原因是不均勻的熱膨脹所造成的。當沖開水到厚的杯子裡時，杯子的內層遇熱急速膨脹，但杯子的外層還是冷的而沒膨脹，這時杯子內層的玻璃就向外擠壓，於是玻璃杯就被擠破了。薄的杯子因為導熱比較快，所以杯子的內層與外層較易同時受熱而達到同樣程度的膨脹，因此就比較不會破裂。

　　要避免玻璃杯破裂，可事先將杯子浸在溫水中，等到要用時再取出來，於是即使是將開水沖到厚的杯子裡時，也不會使杯子內外層的溫度相差太多，杯子也就不容易破裂了。

動動腦、動動手

　　如果兩個杯子重疊卡住了，如何利用熱脹冷縮的原理將兩個杯子分開？

 **4-10** 施放乾冰所產生的白色煙霧是二氧化碳嗎？

　　在演唱會或舞會中常會看到施放乾冰，只見白白的煙霧瀰漫會場，整個氣氛就帶動起來了，乾冰是固態的二氧化碳，所以有很多人以為那白色煙霧就是氣態的二氧化碳，其實並非如此。

🔍 **物理小常識**

▶ 昇華 (sublimation)：物質由固態直接變成氣態的現象，叫做昇華，屬於三態變化之一（如圖 4-10-1 所示）。

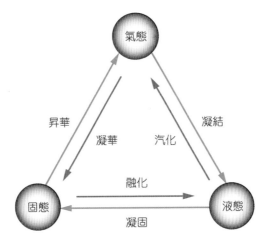

🎈 圖 4-10-1　三態變化

答案
揭曉

　　乾冰是二氧化碳在低溫高壓的環境下，被凍結而成的固態二氧化碳，在常溫常壓下固態的乾冰不會經過融化為液態的階段，只會直接蒸發為氣態的二氧化碳，這種由固態直接變成氣態的現象，叫做「昇華」。

　　乾冰昇華為氣態二氧化碳的過程中會吸熱，這會使得周圍空氣變冷，空氣中的水蒸氣因而冷卻成小水滴，於是產生白色煙霧，所以白色煙霧是由液態的小水滴形成的，而不是氣態的二氧化碳。你可能會問，那二氧化碳跑到哪裡了？二氧化碳是無色透明的氣體，所以在乾冰昇華的過程中，二氧化碳已不知不覺地充斥在四周的空氣裡，如果施放乾冰的場所是密閉的，那我們就得小心吸入過多的二氧化碳，那可能會導致缺氧或休克。

動動腦、動動手

　　吃冰棒的時候，冰棒旁邊會冒出白色煙霧，那白色煙霧是冰棒本身的水變成的，還是空氣中的水蒸氣變成的？

 **4-11** 高山上煮食物，使用壓力鍋還是燜燒鍋比較好？

　　壓力鍋與燜燒鍋都是烹煮食物的利器，對於一些久煮難爛的食物，它們更能派上用場，以煮紅豆為例，紅豆是一種很難煮爛的食物，就算掌握了事先浸泡與最後再加糖兩項訣竅，如果只是利用一般的不鏽鋼鍋來煮，可能也要煮很久，可是如果改以燜燒鍋或壓力鍋來煮，那就可以加快煮爛的時間。到底壓力鍋與燜燒鍋煮熟食物的本事是哪裡來的呢？又如果改在高山上煮紅豆，使用壓力鍋還是燜燒鍋比較好？

壓力鍋

燜燒鍋

🔍 **物理小常識**

▶ 溫度 (temperature)：表示物體冷熱程度的物理量稱為溫度。
▶ 沸點 (boiling point)：沸點是物質由液態轉變成氣態時的溫度。在不同的氣壓下，物質會有不同的沸點。

答案
揭曉

　　壓力鍋利用的原理是當氣壓變大時，水的沸點也變大，所以使用壓力鍋燉煮食物時，必須將鍋蓋扣住，防止蒸氣的散失，於是在加熱的過程中鍋內氣壓逐漸增大，使得水的沸點也變大，鍋內的食物溫度持續超過 100°C，食物便很快被煮熟。

　　至於燜燒鍋燉煮食物的原理與壓力鍋不同，它是利用隔熱的材質將食物燉熟，其作法是先將食物放在內鍋以瓦斯爐煮沸，再把內鍋放到隔熱的外鍋，此時不需要再加熱，只需利用食物殘留的熱量，就可以將食物煮熟，當然此時鍋內溫度會隨著時間從 100°C 漸漸往下降，只是因為溫度降得很慢，所以仍然可以把食物煮熟。因此用燜燒鍋燉煮食物是一種十分節省能源的方法。

　　在高山上煮飯，你覺得用壓力鍋好還是燜燒鍋好？當然是壓力鍋好，因為高山氣壓低，如果使用燜燒鍋煮食物，由於氣壓低連帶使水的沸點跟著降低，於是煮沸的食物溫度不到 100°C，比如可能 90°C 水就煮沸了，在這種情況下生米就很難煮成熟飯。但是使用壓力鍋煮飯，就不受外在氣壓的影響，一般家庭用壓力鍋內的氣壓是 1.3 個大氣壓，煮沸溫度在 125°C 左右，所以不論在平地或高山使用壓力鍋都能輕而易舉煮熟食物。

動動腦、動動手

　　如果你想要在高山煮飯，但手邊只有一個附有鍋蓋的鋁鍋，以及路旁隨處可見的石頭，你要如何利用這些東西將飯煮熟？

聲波

PHYSICS
and LIFE

本章學習地圖

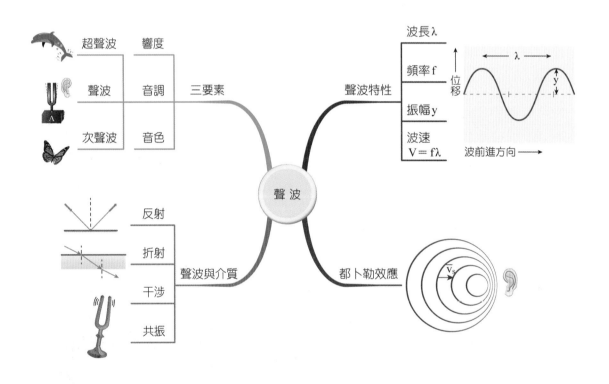

波的意義與傳播

5-1-1 波與波動

物質受外界擾動,產生凸起凹下或疏密相間的部分稱波,如水波、繩波與彈簧波。而波由擾動處向外傳遞出去的現象稱為波動,如水波朝岸邊前進。

傳遞波動的物質稱為介質,例如水波的介質是水,繩波的介質是繩子,彈簧波的介質是彈簧。波傳播的過程,只有能量傳遞,介質則在原地往返振動,並不隨波前進,所以波只傳送能量,傳送波形,但不傳送介質。例如水面上的保麗龍片不會隨水波向前傳送,只在原處上下振動。繩子上的塑膠圈不會隨繩波向前傳送,只在原處上下振動。

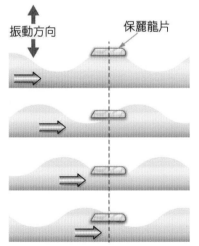

📌 水面上的保麗龍只在原處上下振動

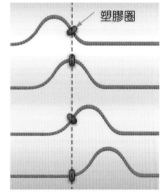

📌 繩子上的塑膠圈只在原處上下振動

5-1-2 波的種類

波依照介質有無來區分,可分為力學波與非力學波;波依照介質振動方向與波行進方向來區分,可分為橫波與縱波。

1. 力學波與非力學波

　　波依照介質有無來區分，可分為力學波與非力學波。力學波又稱機械波，需要介質傳遞能量，如水波（介質為水）、繩波（介質為繩）、彈簧波（介質為彈簧）與聲波（介質可為空氣）。非力學波又稱非機械波，不需要介質也可傳遞能量，如電磁波。

2. 橫波與縱波

　　波依照介質振動方向與波行進方向來區分，可分為橫波與縱波。橫波又稱高低波，介質振動方向與波行進方向垂直，如水波、繩波、彈簧波與電磁波，電磁波傳遞雖然不需要介質，但是電磁波當中電場振動方向、磁場振動方向與電磁波行進的方向兩兩相互垂直，所以我們將電磁波歸為橫波的一種。　縱波又稱疏密波，介質振動方向與波行進方向平行，如聲波與彈簧波。彈簧波可以是橫波也可以是縱波，端看彈簧振動方向與波行進方向垂直或平行而定。

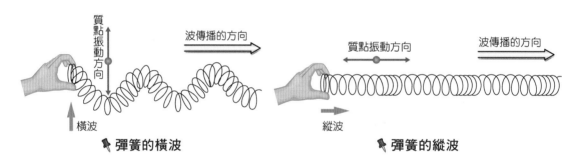

　彈簧的橫波　　　　　　　　　　　彈簧的縱波

5-1-3　波的名詞

1. 橫波的相關名詞

(1) 波峰：波的最高點。

(2) 波谷：波的最低點。

(3) 振幅：離平衡位置到波峰或波谷的距離。

(4) 波長（λ）：兩相鄰兩波峰或波谷的距離（任兩相鄰對應點間的距離）。

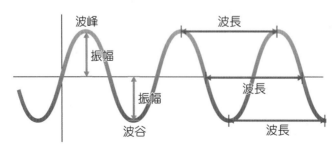

　橫波的波峰、波谷、振幅與波長

2. 縱波的相關名詞

(1) 波峰：密部的中點。

(2) 波谷：疏部的中點。

(3) 波長 (λ)：兩相鄰密部或疏部的距離。

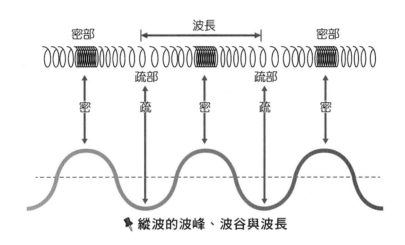

🔖 **縱波的波峰、波谷與波長**

3. 週期 (T)：波振動一次所花的時間。單位：秒／次或秒。

4. 頻率 (f)：波每秒振動的次數。單位：次／秒或 1／秒，又稱赫茲 (Hz)。

週期與頻率互為倒數關係：Tf ＝ 1 或 T＝1/f 。

5-1-4　波的傳遞

1. 波速

$$\text{波速} = \frac{\text{波走的距離}}{\text{波所花的時間}} = \frac{\text{波長}}{\text{週期}} = \text{波長} \times \text{頻率} \qquad v = \frac{\lambda}{T} = f\lambda$$

2. 相同介質在相同狀態下傳送的波，波速相等，頻率和波長成反比。此時頻率變大，波長變短；頻率變小，波長變大。

5-2　聲音的形成

　　聲音是物質振動產生的波動，需要靠介質傳播才能聽到，傳播聲波的介質，可以是固體、液體或氣體。在空氣中傳播的聲波是縱波，例如連續振動的音叉，使周圍的空氣分子形成疏密相間的縱波。

　　聲波在介質中傳遞的速度，稱為聲速。聲速往往因介質種類、狀態等因素而影響其行進的速度。通常聲音傳播速率：$V_{固體} > V_{液體} > V_{氣體}$。

介質種類	聲速比較	傳聲介質	聲速（公尺／秒）
固體	快	玻璃	5500
		鋼	5200
		松木	3320
液體	中	海水	1520
		純水	1490
氣體	慢	15℃空氣	340
		0℃空氣	331
無	零	真空	0

　　在空氣中傳播的聲速，因空氣的溫度、濕度、密度…等不同而不同。溫度越高，聲速越快，在乾燥無風的空氣中，0℃的聲速為每秒傳播331公尺，每升高1℃，聲速增加0.6 m/s。此時的聲速公式如下：

　　聲速 $V = 331 + 0.6T$

　　V：聲速（公尺／秒，m/s）

　　T：溫度 (℃)

5-3　聲波的反射與折射

　　當聲波從一種介質傳播到另一種介質時，在兩種介質的分界面上，傳播方向會發生變化，產生反射及折射現象。

5-3-1　聲波的反射

　　聲波在行進中遇到障礙物，無法穿越而返回原介質的現象，稱為反射，這種聲波反射現象也稱為回音。

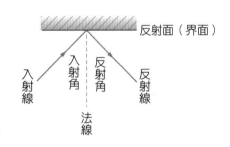

　　聲音的反射遵守反射定律：

1. 入射線、反射線、法線在同一平面上，入射線與反射線在法線的兩側。

2. 入射角 ＝ 反射角。

5-3-2　聲波的折射

　　若聲音在不同介質中傳遞，因速度不同而使傳播方向發生偏折的現象，稱為折射。由於聲波在熱空氣中行進速度較快，在冷空氣中行進速度較慢，因此當聲波由熱空氣進入冷空氣，或者由冷空氣進入熱空氣，都會發生折射的現象，而折射的方向會偏折向較冷的一方。

5-4　多變的聲音

5-4-1　樂音三要素

　　影響聲音多變的因素有響度、音調與音色，稱為樂音三要素。

1. 響度

　　響度又稱音量，指聲音的強弱程度（大聲或小聲）。音量由聲波的振幅決定，振動體的振幅越大（如用力敲擊），表示傳遞的能量也越大，發出的音量也越大。

2. 音調

音調指聲音的高低。音調由聲波的頻率決定,振動體振動越快,振動的頻率越大,發出的聲音越 高。越輕、薄、短、小、細、緊的物體,振動越快,頻率越大,聲音越高。

3. 音色

音色又稱音品,指聲音的特色。音色由聲波的波形決定。即使各樂器的音高、音量相同(頻率、振幅一樣),但因為波形不同,而有不同的音色。

📎 響度、音調、音色的比較

樂音三要素	意義	聲波	單位	相關性
響度	聲音大小	振幅	分貝	振幅大 響度大 聲音大
音調	聲音高低	頻率	赫茲	頻率高 振動快 聲音高
音色	聲音特色	波形	—	—

5-4-2 共鳴

共鳴指一物體振動時,造成另一個振動頻率相同的物體,由靜止而產生共振發聲的現象。例如調音師利用音叉發出的聲音和樂器產生共鳴來調音,另外絃樂器的共鳴箱可與弦線產生共鳴,增加聲音的音量。

5-5 都卜勒效應

都卜勒效應是波源和觀察者有相對運動時,觀察者接受到波的頻率與波源發出的頻率並不相同的現象。當波源與觀察者彼此接近時,觀察者所得到的波的頻率會升高;當波源與觀察者彼此遠離時,觀察者所得到的波的頻率會降低。例如聽到遠方行駛過來的火車鳴笛聲的音調變得更高,這是因為頻率變高的關係。

UNIT 05 聲波

問題 5-1　為什麼每個人講話的聲音都不一樣呢？

聲音是人與人溝通的主要橋樑，這個世界就是充滿了各式各樣的聲音才使得生活更加豐富。

歷代以來對美妙的聲音有著各式各樣的形容，例如唐朝詩人白居易曾以「大珠小珠落玉盤」來形容琵琶演奏的圓潤清脆，清代作家劉鶚也曾以「新鶯出谷，乳燕歸巢」來形容說書的婉轉動聽。

只是令人好奇的是，為什麼不同的物體發出的聲音聽起來都不一樣？為什麼聲音有大小的差異？為什麼男生音調低而女聲音調高？為什麼有些人講話如此的悅耳？為什麼每個人講話的聲音都不一樣呢？

🔍 物理小常識

▶ 響度 (loudness)：聲音三要素之一，聲音的大小稱為響度，響度與聲波的振幅有關，振幅越大，所發出的聲音就越大。

▶ 音調 (tone)：聲音三要素之一，聲音的高低稱為音調，音調與聲波的頻率有關，頻率越大，所發出的聲音就越高。

▶ 音色 (timbre)：聲音三要素之一，由聲波的波形變化所造成的一種聲音特質。

答案揭曉

　　聲音是一種波動，聲音讓人聽起來感覺不同的地方在於響度、音調、音色三個因素，這三個因素合稱聲音三要素。聲音的大小稱為響度，響度與聲波的振幅有關，振幅越大，所發出的聲音就越大（如圖 5-1-1 所示），例如重擊鼓錘，就會發出比較大的聲音。

　　聲音的高低稱為音調，音調與聲波的頻率有關，頻率越大，所發出的聲音就越高（如圖 5-1-2 所示），人的聲音是由聲帶的振動所引起，女生發聲時其聲帶振動速率較男生為快，所以女生的聲音會比較高。

　　兩個人若發出同樣大小與高低的聲音，我們還是可以區分出不同，這個不同的特質我們稱為音色，音色與聲波的波形有關（如圖 5-1-3 所示），而波形又與發聲條件有關，比如每個人的共鳴腔（主要在鼻腔與口腔）有些微差異，就會發出不同音色的聲音。

　　如果你的聲音很吸引人，那麼恭喜你，可要好好保護自己的嗓子；如果你的聲音不是那麼悅耳，也要好好珍重，真誠的聲音才是最具有魅力的。

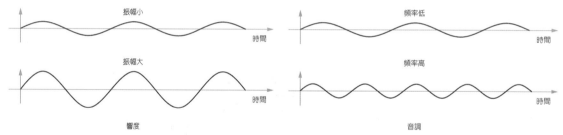

🔖 **圖 5-1-1　兩頻率、波形相同但振幅不同的波（A 波振幅大於 B 波振幅）**

🔖 **圖 5-1-2　兩振幅、波形相同但頻率不同的波（A 波頻率大於 B 波頻率）**

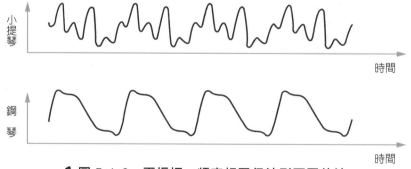

🔖 **圖 5-1-3　兩振幅、頻率相同但波形不同的波**

動動腦、動動手

　　如果我們把鼻孔塞住，則講話的聲音會聽起來怪怪的，這是為什麼呢？

問題 **5-2** 為什麼聲音在晚上可以傳得較遠？

夜晚我們可以聽見許多遠處的聲音，比如遠方寺廟在白天也敲鐘，但是我們常常聽不見，可是到了晚上，遠方寺廟的鐘聲卻聲聲入耳，為什麼會有這樣的差異呢？

唐朝詩人張繼寫過一首千古傳誦的詩「楓橋夜泊」：

> 月落烏啼霜滿天　江楓漁火對愁眠
> 姑蘇城外寒山寺　夜半鐘聲到客船

這首詩描繪了張繼這個異鄉遊子的心情寫照，當時正值深夜，張繼在楓橋下的船中還睡不著，正當內心百感交集之際，卻聽到從遠方寒山寺傳來的鐘聲，那陣陣鐘聲在詩人滿懷愁緒的心中更是迴盪不已。

要知道楓橋與寒山寺有著相當一段距離，平常能在楓橋聽到鐘聲實屬不易，何以那夜張繼卻能聽到清晰可聞的鐘聲呢？

🔍 物理小常識

▶ 折射 (refraction)：聲波在進入不同介質時，會因為傳播速率的不同而發生偏折的現象，這種現象就稱為聲波折射。

▶ 反射 (reflection)：聲波在均勻介質中沿著直線前進，遇到障礙物時，聲波自兩介質的介面射回原來介質而產生反射現象。

答案揭曉

晚上可以聽到遠方的聲音的原因有兩個，第一個是因為晚上比較安靜，此時若出現聲音容易引起人們的注意，另一個原因是聲波的折射，使得夜晚的聲音傳遞得較遠。第一個原因很容易理解，以下我們就針對第二個原因來說明。

聲波是一種波動，當波的行進速度發生改變，就會產生波的折射。由於聲波在熱空氣中行進速度較快，在冷空氣中行進速度較慢，因此當聲波由熱空氣進入冷空氣，或者由冷空氣進入熱空氣，都會發生折射的現象，而折射的方向會偏向較冷的一方。

白天靠近地面的空氣較熱，上層的空氣較冷，所以當聲音向四周傳播時，聲音會漸漸地折射向上（如圖 5-2-1 所示），如此一來，聲音就無法傳遞很遠。到了夜晚由於地面輻射冷卻，可能會出現逆溫的現象，也就是靠近地面的空氣較冷，上層的空氣較熱，所以當聲音向四周傳播時，聲音會漸漸地折射向下（如圖 5-2-2 所示），如此一來，聲音就可以傳遞很遠了。這也就是為什麼會「夜半鐘聲到客船」的原因。

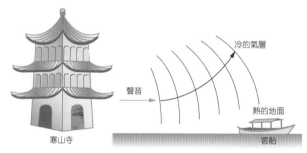

🔖 **圖 5-2-1** 白天地面的空氣較熱，上層的空氣較冷，所以當聲音向四周傳播時，聲音會漸漸地折射向上。

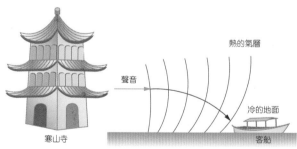

🔖 **圖 5-2-2** 夜晚近地面的空氣較冷，上層的空氣較熱，所以當聲音向四周傳播時，聲音會漸漸地折射向下。

動動腦、動動手

空谷回音是一種聲波的折射還是反射現象？

5-3　為什麼蚊子會發出嗡嗡的聲音，蝴蝶就不會？

　　大家可能都有一個經驗，夜深人靜，正想好好睡一覺，沒想到惱人的蚊子三不五時就來吵一下，就算躲在蚊帳裡面，但是蚊子所發出的嗡嗡聲就像魔音穿腦般，讓人無法入睡，於是你只好藉助蚊香、捕蚊燈等工具來消滅蚊子，人蚊大戰就這樣進行了整整一夜；但一覺醒來，揉揉睡眼惺忪的眼睛，看見窗外蝴蝶無聲無息地翩然飛舞，不禁令人心曠神怡，於是我們不禁要問，為什麼蚊子會發出嗡嗡的聲音，蝴蝶就不會？

物理小常識

▶ 超聲波 (ultrasound)：頻率超過 20,000(Hz) 的聲波稱為超音波（或稱超聲波）。

▶ 次聲波 (infrasound)：頻率低於 20(Hz) 的聲波稱為次音波（或稱次聲波）。

答案揭曉

我們聽到蚊子發出嗡嗡的聲音是由於蚊子翅膀振動所引起的，蚊子每秒翅膀振動次數為 500~600 次，所以會發出頻率為 500~600(Hz) 的聲波，而我們人類所能聽到的聲波頻率範圍為 20~20,000(Hz)，故我們可以聽到蚊子翅膀振動所引起的聲音。而蝴蝶每秒翅膀振動次數為 5~6 次，所以會發出頻率為 5~6(Hz) 的聲波，此頻率已低於我們人類所能聽到的聲波頻率，因此人聽不到蝴蝶翅膀振動所引起的聲音。

頻率超過 20,000(Hz) 的聲波稱為超音波（或稱超聲波），比如海豚或蝙蝠會發出超音波；而頻率低於 20(Hz) 的聲波稱為次音波（或稱次聲波），比如地震或火山發生前會發出次音波，無論是超音波或次音波都是我們人類聽不到的，但是狗所能聽到的聲波頻率範圍為 15~50,000(Hz)，所以狗可以聽到一些人類聽不到的聲音。

坊間有一種「音波驅蚊器」，該裝置會發出公蚊的聲音頻率（在 5,000 Hz~9,000 Hz 之間），由於會叮人的蚊子是懷孕的母蚊，而母蚊在懷孕時會避開公蚊的騷擾，因此當音波驅蚊器發出公蚊求偶鳴叫聲，懷孕的母蚊就會避開，而達到驅蚊的效果。

動動腦、動動手

狗聽不聽得見蝴蝶翅膀振動所引起的聲音？

5-4 排笛的發聲原理是什麼？

　　排笛是一種古老而普遍的樂器，它的存在已有六千年的歷史，最早的排笛可能只有一個音管，隨著時代的演進，有人發現不同長度的音管可以產生不同的音調，於是將數個音管綁在一起來發音，兩個音管以上的排笛也跟著產生，而後用多音管的排笛來演奏音樂，也就更加豐富了。

　　有一則西方神話傳說描述了排笛可能的起源：相傳古希臘傳說中的潘神 Pan 在森林中遇見了美麗的女神西林克斯 (Syrinx)，於是展開追求，可是因為潘神的長相太嚇人，西林克斯被嚇得逃跑，潘神一路窮追不捨，西林克斯情急之下就化身為溪邊的蘆葦躲藏起來，當潘神追到溪邊，遍尋不著心愛的人，正在傷心之際，他注意到隨風擺動的蘆葦發出一種悲傷的樂音，於是便拔下蘆葦，將之切成多段並綁在一起吹奏，從此就誕生了排笛 (panflute) 這項樂器。

　　只要是具備中空管子的材質，都可以用來作為排笛的音管，於是從古至今在世界每個角落的人們，有的人使用蘆葦當作音管，有的人使用竹子當作音管，有的人使用陶土當作音管，還有人使用鳥的骨頭當作音管，不同的材質產生不同的音色，於是全世界開始洋溢著排笛美妙的樂音。

物理小常識

▶ 共鳴 (resonance)：當波動傳至介質時，如果波的頻率與介質的振動頻率相同時，就會引起介質以相同的頻率產生極大的振動，這種現象稱為共鳴或共振。

答案揭曉

　　排笛的發聲原理是利用吹氣引起管內空氣的振動，進而產生共鳴的現象，當音管的空氣柱越短，引發空氣共振的頻率越高，就會吹出音調越高的聲音；當音管的空氣柱越長，引發空氣共振的頻率越低，就會吹出音調越低的聲音。

　　所以不同的音管長度可以產生不同音調的樂音，將不同長度的音管組合在一起就構成了排笛。

動動腦、動動手

　　排笛的製作：用尖嘴鉗夾住吸管（珍珠奶茶用的大塑膠吸管）的一端，再以打火機的火燒一下尖嘴鉗，當放開尖嘴鉗時，吸管的一端會被封閉，於是一枝簡易的音管就完成了。嘗試以垂直的方向朝吸管的另一端開口吹氣，聽聽看發出多高的聲音，如果沒有適當音階的樂音產生，就將開口端剪下一小截，再重新吹一次，直到獲得所需的音階為止，最後將不同音階的音管按長短次序排列，並用透明膠帶固定好，一把簡易排笛就完成了（如圖 5-4-1 所示）。

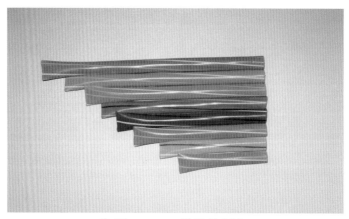

📌 圖 5-4-1　排笛的製作

 **5-5** 大船進港鳴汽笛，岸上的你聽到汽笛聲的音調會由低變高，這是為什麼？

　　大船進港鳴汽笛，岸上的你聽到的汽笛聲音調會變高；大船離港鳴汽笛，岸上的你聽到的汽笛聲音調會變低，這種聲源音調改變的現象我們稱為都卜勒效應。類似的例子還有很多，比如救護車向你駛來，救護車的聲音會變高；救護車離你而去，救護車的聲音會變低。

　　以上所講的例子都是聲源在移動所引起的聲音音調的改變，事實上當聲源與聽者兩者之間有相對運動時，就會產生音調的改變，比如救護車停在路邊，你正好開車接近，那麼你所聽到的救護車的聲音會變高；當你遠離救護車而去，你所聽到的救護車的聲音會變低。

救護車在靠近我還是遠離我？

接近中　　　　　　　　　　　　　　　遠離中

🔍 **物理小常識**

▶ 都卜勒效應 (Doppler effect)：當波源與觀察者彼此接近時，觀察者所得到的波的頻率會升高；當波源與觀察者彼此遠離時，觀察者所得到的波的頻率會降低。

答案揭曉

都卜勒效應的完整說明是「當波源與觀察者彼此接近時，觀察者所得到的波的頻率會升高；當波源與觀察者彼此遠離時，觀察者所得到的波的頻率會降低」（如圖 5-5-1 所示）。如果這個波源是聲波，則波的頻率就決定了音調，此時都卜勒效應可說成「當聲源與聽者彼此接近時，聽者所得到的聲音的音調會升高；當聲源與聽者彼此遠離時，聽者所得到的聲音的音調會降低」。

日常生活中關於聲波的都卜勒效應的例子很多，除了前述之大船鳴汽笛與救護車的聲音以外，另外像火車的氣笛與警車的聲音等都是一般常見的例子，但要記得必須聲源與聽者彼此有相對運動時，才會有聲音音調的改變。

都卜勒效應的適用對象不只是聲波而已，以路邊常見的測速器為例，就是結合電磁波與都卜勒效應來測速，測速器首先發出無線電波，當無線電波在行進的過程中碰到車子時，該無線電波會被反射回來，根據都卜勒效應，如果車子是靜止，則反射回來的無線電波的頻率不變；如果車子是在靠近，則反射回來的無線電波的頻率會升高；如果車子是在遠離，則反射回來的無線電波的頻率會降低，於是測速器就根據接收到的反射波的頻率變化，再進一步推算出車子的速度，一但計算出車子超速，就會啟動照相設備，於是超速者就在測速器上留下記錄了。

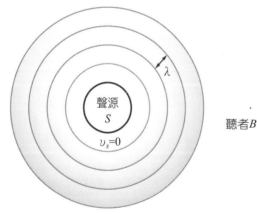

(a)靜止之聲源所發出的聲波。

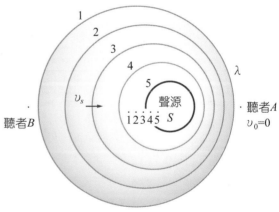

(b)運動之聲源所發出的聲波，對聽者A而言，聲波波長減短，頻率升高；對聽者B而言，聲波波長增長，頻率降低。

📌 圖 5-5-1　都卜勒效應

動動腦、動動手

想想看，日常生活中還有哪些都卜勒效應的現象或應用？

 **5-6** 倒車雷達運用原理與蝙蝠抓獵物有什麼
關聯呢？

　　如果說蝙蝠抓獵物與倒車雷達運用原理，彼此是有共同關聯的，你覺得那是什麼？

🔍 **物理小常識**

▶ 聲速 (sonic speed)：又稱音速，為聲音在單位時間內振動波傳遞的距離。聲速與傳遞介質的材質（密度、溫度、壓力…）有關，而與聲音本身的頻率無關，因此在同一個介質中無論是聲波、超聲波、次聲波傳遞速率均相同。空氣中的聲速公式如下：$V=331+0.6t(m/s)$（其中 t 為攝氏溫度）。

由於聲音在空氣中傳播速度主要與溫度有關，空氣中的聲速公式如下：V=331+0.6t(m/s)（其中 t 為攝氏溫度）。

因此以室溫 25°C 來計算，聲速為 331+0.6×25=346(m/s)，如果再配合聲音傳播時間，就可以算出距離。

倒車雷達原理與蝙蝠抓獵物都是運用超音波測距離，透過超音波發射裝置發出超音波，在發射的同時開始計時，超音波在空氣中傳播，途中碰到障礙物就立即反射回來，超音波接收器收到反射波後立即停止計時，根據計時器記錄的時間，就可以計算出發射點與障礙物的距離。

假設超音波發射裝置發出超音波，歷經 0.02 秒收到反射波訊號，即可計算出發射點與障礙物的距離為 $V \times \dfrac{t}{2} = 346 \times \dfrac{0.02}{2} = 3.46(m)$。

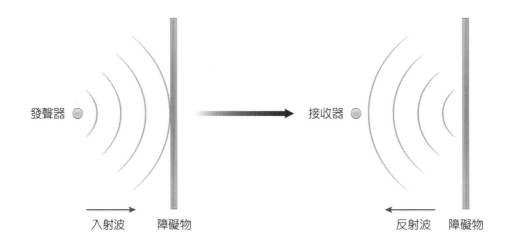

發聲器　　　　　　　　　　　　　接收器

入射波　　障礙物　　　　　　　　　反射波　　障礙物

 動動腦、動動手

(1) 佩珊站在一面牆壁前 100 m 距離，利用聲納儀器同時發出聲波與超聲波，則聲納接收到兩種聲波的回聲時，時間間隔為幾秒？（已知當時氣溫為 30°C）

(2) 茜紋正對著山壁大叫，經過 4 秒後聽到回聲，那時的氣溫是 10°C，試問她距山壁多遠？

UNIT **06**

光

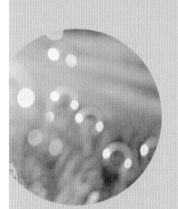

PHYSICS and LIFE

本章學習地圖

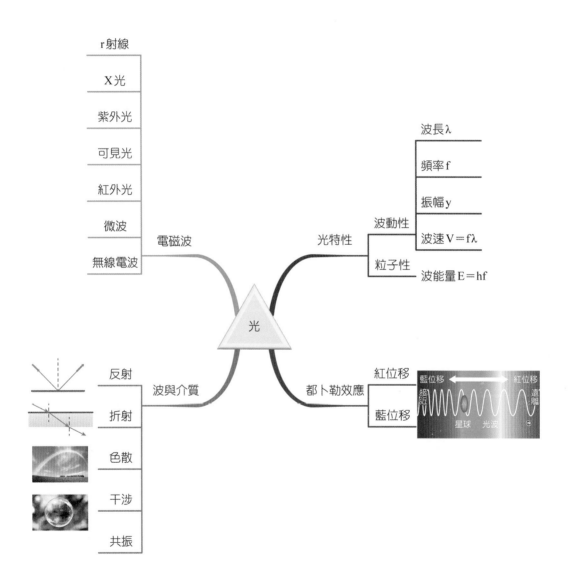

 光的性質

6-1-1 光的波動性

1690 年，惠更斯 (Christiaan Huygens) 提出光波動說，認為光藉由波動在空間中傳遞，在波前的每一個點都可以視為產生次波的點波源，並成功解釋光的反射與折射等現象。1801 年，楊格 (Thomas Young) 利用雙狹縫實驗，首度發現光的干涉條紋，而證實光具有波動特性。1864 年，馬克士威 (James Clerk Maxwell) 建立了電磁場理論，預測有電磁波的存在，並推算出電磁波的速度與光速相等，因此認為光是一種電磁波。1888 年，赫茲 (Henrich Hertz) 以實驗證實電磁波的存在，測得電磁波的傳播速度確實與光速相同，同時電磁波也能夠產生反射、折射、干涉、繞射、偏振等現象，從實驗中證明了光是一種電磁波。

6-1-2 光的粒子性

1704 年，牛頓 (Isaac Newton) 提出光的粒子說，認為光是由光源向四面八方發射的微粒組成，可以解釋光的直線前進、反射與折射等現象。1887 年，赫茲發現光電效應，光束照射在金屬表面會使其發射出電子。但是光電效應無法以光波動說合理解釋，直到 1905 年，愛因斯坦 (Albert Einstein) 提出光量子說，認為光是由微小的能量粒子（光子）所組成，成功解釋光電效應，也使愛因斯坦獲得了 1921 年的諾貝爾獎。

6-1-3 光的波粒二象性

光是波動或粒子，各有其實驗證據。目前認為所有的粒子都具有波動與粒子的雙重性質，在不同條件下分別表現出波動或粒子的性質，稱為波粒二象性 (wave-particle duality)。

6-2　光的反射與折射

1. 光的反射

　　光在均勻介質中沿直線前進，遇到障礙物時，部分光線從界面回到原介質的現象稱為光的反射。例如平面鏡成像利用光的反射，得到大小相同、左右相反的正立虛像。

2. 反射定律

(1) 入射線、反射線、法線在同一平面上，入射線與反射線在法線的兩側。

(2) 入射角＝反射角。

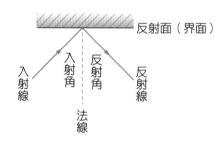

3. 光的折射

　　光從一種介質斜向進入另一種不同的介質時，光的前進方向會改變，這種現象稱為光的折射。光的折射產生的原因是光在不同介質中的速率不同，使得光進行方向發生改變。例如吸管在水中看起來像是折斷了，即為光的折射現象。

4. 折射定律

(1) 入射線、折射線、法線在同一平面上，入射線與折射線在法線的不同側。

(2) 光由傳光速度大的介質（疏介質）射入傳光速度小的介質（密介質），如光由空氣射入水中時，光的入射角大於折射角，折射線偏向法線。

(3) 光由傳光速度小的介質（密介質）射入傳光速度大的介質（疏介質），如光由水射入空氣中時，光的入射角小於折射角，折射線遠離法線。

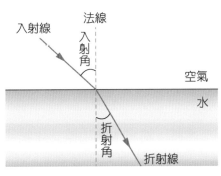

🖈 光的折射 光由空氣→水

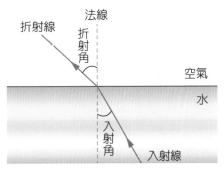

🖈 光的折射 光由水→空氣

 ## 6-3 　光的色散

　　太陽光通過三稜鏡後，會被折射分散成紅、橙、黃、綠、藍、靛、紫等七種主要的色光，稱為光的色散，分散的可見光帶稱為可見光譜。色散的成因是不同波長的光在介質中的光速並不相同，所以根據折射定律，白光進入三稜鏡之後，不同波長光的折射角不同，導致各色光分開。以藍光與紅光作比較，藍光偏折較多，紅光偏折較少，因為紅光在稜鏡介質中的光速較快，藍光在稜鏡介質中的光速較慢之故。

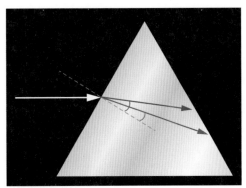

🖈 光的色散：藍光偏折較多，紅光偏折較少。

6-4 光的干涉

　　干涉 (interference)：指波在空間中重疊時發生疊加，形成新波形的現象。可分為建設性干涉與破壞性干涉兩種。

1. **建設性干涉**：若兩波的波峰（或波谷）同時抵達同一地點，稱兩波在該點同相，干涉波會產生最大的振幅，而變得更明亮，稱為建設性干涉。

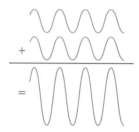

2. **破壞性干涉**：若兩波之一的波峰與另一波的波谷同時抵達同一地點，稱兩波在該點反相，干涉波會產生最小的振幅，而變得更暗淡，稱為破壞性干涉。

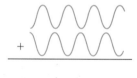

6-5 光的繞射

　　繞射是指光經過障礙物或洞孔後，不僅只沿原來方向直線行進，而且會擴散到四周的現象。例如光通過單狹縫的繞射，螢幕上出現明暗相間的繞射條紋而且強度逐漸向兩旁減弱。

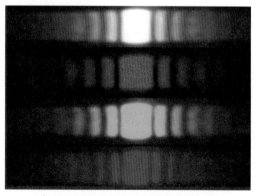

📌 **不同色光的單狹縫繞射條紋**

6-6　光的頻率、波長與光速

可見光指的是人類眼睛可以見的電磁波，波長大約介於 400~700 奈米 (nm) 之間，也就是波長比紫外線長，比紅外線短的電磁波。而有些非可見光也可以被稱為光，如紫外光、紅外光、X 光。

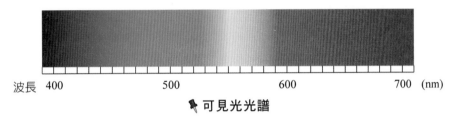

波長　400　　　　　500　　　　　600　　　　　700　(nm)

📌 **可見光光譜**

光可視為波動，光的頻率 (f)、波長 (λ) 與光速 (v) 的關係如下：

光速＝頻率 × 波長

$$v = f \lambda$$

當光速一定時，頻率與波長成反比；當光進入一個介質後，速度會改變，但頻率不變，只有波長會改變。光在真空與其他介質行進時，以真空中的光速為最大達 299,792,458 m/s，約為 3×10^8 m/s。

 萬花筒有著美麗圖案的祕密是什麼？

　　小時候大家都玩過萬花筒，一定都被筒內那美麗畫面所吸引，雖然萬花筒的外觀平平無奇，但是卻能製造絢爛的圖案，如果我們進一步把它拆開來看，萬花筒的內部不過是幾面鏡子與彩色碎紙，為什麼單憑鏡子與碎紙就能製造美麗圖案？

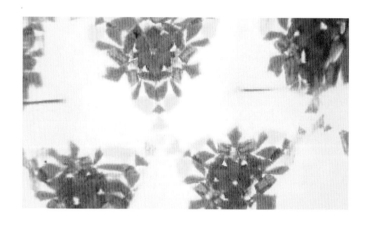

🔍 物理小常識

▶ 反射 (reflection)：光遇到不同介質的界面反射回到原介質的現象。
▶ 反射定律 (laws of reflection)：光遇障礙物反射回到原介質，必須遵守下列兩個條件（如圖 6-1-1 所示）：(1) 入射光、反射光與法線在同一平面。(2) 入射角等於反射角。

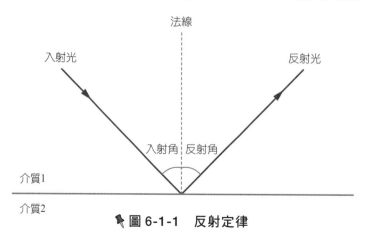

🔦 圖 6-1-1　反射定律

答案揭曉

　　根據反射定律，由平面鏡反射所產生的像，其大小會和實物相同，但是左右方向會相反。將物體放在鏡前，如果只有一面鏡子，我們只會看到一個像；如果有兩面鏡子，因為其中一個鏡子的成像會在另　個鏡子形成一個新的像，所以我們會看到不只兩個像，此外這兩面鏡子的夾角會影響成像的數目，例如夾角是 90 度，將會呈現三個像（如圖 6-1-2 所示），如果夾角越小，像的數目將會越多。

　　萬花筒就是利用這種平面鏡反射的原理，來製造絢爛的圖案，萬花筒內含三個排列成三角柱狀的平面鏡，所以能產生比兩個平面鏡更多的像，當許許多多色彩鮮豔的像排列在一起時，你的眼前就呈現出一個美麗的世界了。

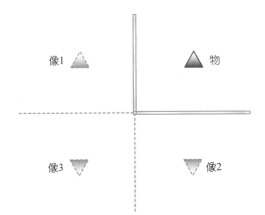

像1　　　　　　物

像3　　　　像2

📌 圖 6-1-2　　兩面夾角是 90 度的鏡子之成像

💡 動動腦、動動手

　　自己製造萬花筒：

　　將三塊相同的長方形之平面鏡排成三角柱，三角柱外面用膠帶貼緊，再用硬紙板將三角柱圍住形成一個圓筒，圓筒外面也用膠帶貼緊，拿半透明玻璃紙將圓筒其中一端封好，再將彩色碎紙放入筒內，用保鮮膜將圓筒另一端封閉，於是一個簡單的萬花筒就完成了（如圖 6-1-3 所示）。

　　現在你可以由保鮮膜的一端望進圓筒，邊轉邊看，就可看見不斷變化的美麗圖案。

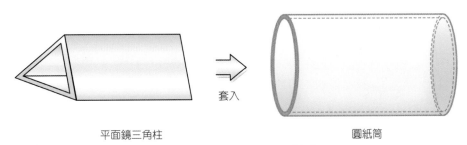

平面鏡三角柱　　　　　　套入　　　　　　圓紙筒

📌 圖 6-1-3　　萬花筒的製造

 **6-2** 單向玻璃為什麼只能單邊看得見？

　　有一則廣告，一位美女站在咖啡店外的玻璃櫥窗，她以為那玻璃櫥窗是一面鏡子，所以她神情愉悅地藉著玻璃欣賞著自己領口上的鑽石，沒想到那面玻璃很特殊，外面的人看不見裡面，裡面的人卻看得到外面，這時正有一對男女朋友在喝咖啡，只見那男的專注地看著窗外的美女賞玩鑽石，於是他的女朋友就憤而離席。我們無意討論廣告中的劇情，只將焦點聚集在那面玻璃上，為何那面玻璃會讓外面的人看不見裡面，而裡面的人卻看得到外面？

🔍 **物理小常識**

▶ 反射 (reflection)：光遇到不同介質的界面反射回到原介質的現象。
▶ 透射 (transmission)：光由一種介質穿透另一種介質的現象。

　　廣告中那面玻璃叫做單向玻璃，如果單向玻璃兩側有一邊較明亮而另一邊較暗淡，則處於較暗的一方將會透過玻璃看到較亮一方的動作，如同店內的男女朋友看得見窗外的美女；相反地，處於較亮的一方將看不到較暗一方的動作，而只能看到玻璃中的自己，如同窗外的美女看不見店內的男女朋友，而只能看到玻璃中的自己。

　　單向玻璃的祕密就在於玻璃的表面塗有一層薄薄的水銀膜，這會使得較亮區的強光射到玻璃時，會發生部分反射與部分透射的現象，同樣地，較暗區的弱光射到玻璃時，也會發生部分反射與部分透射的現象。所以處於較暗的一方所接收的光線來源有兩種，一種是來自較亮一方的透射光，另一種是來自本身微弱的反射光，顯然強穿透光會掩蓋弱反射光，於是處於較暗的一方將會透過玻璃看到較亮一方的動作。另外處於較亮的一方所接收的光線來源有兩種，一種是來自較暗一方的透射光，另一種是來自本身較強的反射光，顯然強反射光會掩蓋弱透射光，於是處於較亮的一方將看不到較暗一方的動作，而只能看到玻璃中的自己，以上說明如圖 6-2-1 所示。

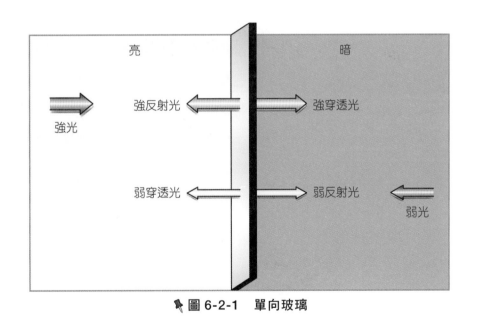

🔖 圖 6-2-1　單向玻璃

💡 動動腦、動動手

　　想一想，如果將上述廣告中的場景換成夜晚，你猜一猜會發生什麼事？

 為什麼天空是藍色的？

　　白天從地球上看天空是一片蔚藍色，藍藍的天空美得叫人心動，但是你可曾想過天空為何大多是藍色，而不是其他顏色呢？如果你能到月球上看太空，就會發現月球的天空除了發亮的星球外，其餘是漆黑一片，這暗示著天空是藍色的原因，與大氣層有關。

🔍 物理小常識

▶ 散射 (scattering)：光照射到介質時，由於介質的不均勻，使得光偏離原來傳播方向而向側方散射開來的現象。

答案
揭曉

　　當太陽光通過大氣層時，陽光碰撞到氣體分子與塵埃微粒，便向四面八方反射出去，叫做「散射作用」，所以整個天空就變得很明亮。

　　其中波長較短的光的散射作用最明顯，在太陽光中藍光的波長較短，紅光的波長較長，所以天空到處都是散射出去的藍光，當然就變成藍色的。

　　也許有人會問，可見光中應該以紫光波長最短，所以紫光的散射作用最大，天空應該呈現紫色才對，上述說法是沒錯，只是因為紫光的量較藍光少很多，所以散射的紫光就被藍光所掩蓋了。

　　至於日出或日落時東方或西方的天空呈現紅色，因為此時太陽位在地平線的一端，陽光斜射到地面需穿過更厚的大氣層，藍光在到達地面之前都被散射掉了，只剩紅光還能穿過厚厚的大氣層而到達地面，所以你看到的日出或日落時的天空才會呈現紅色。

　　上述說明如圖 6-3-1 所示。

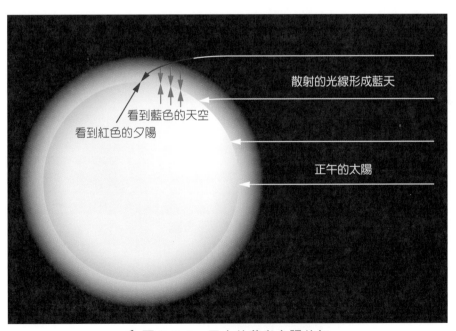

🖈圖 6-3-1　天空的藍與夕陽的紅

 動動腦、動動手

　　拿一個玻璃杯裝水，再滴入幾滴牛奶，接下來用手電筒照杯子，分別到杯子的對側與右（或左）側觀察從杯中射出的光線顏色，你覺得有何不同？為什麼？

問題 6-4　月全食的月亮是什麼顏色？

　　很多人知道月亮自己不會發光，月亮的光是來自太陽的反射光，而月食的出現是由於地球處在太陽與月亮之間，地球擋住了太陽光，使月亮處在地球的陰影之下，因此會猜月全食的月亮當然是黑色（如圖 6-4-1 所示），但事實上我們看到的月亮顏色竟然是紅色的，這是為什麼呢？

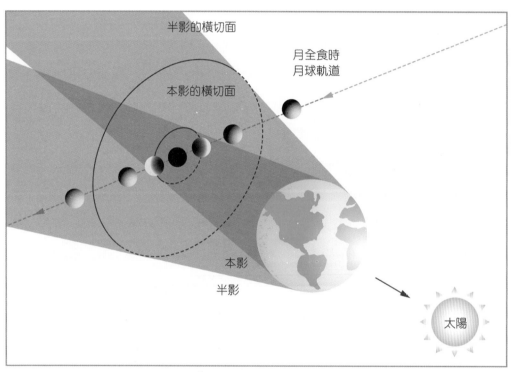

📌 圖 6-4-1　月全食

🔍 **物理小常識**

▶ 散射 (scattering)：光照射到介質時，由於介質的不均勻，使得光偏離原來傳播方向而向側方散射開來的現象。

▶ 折射 (refraction)：光通過不同的介質時，前進方向發生偏折的現象。

　　我們可以看到紅色的夕陽是因為陽光斜射到地面需穿過厚厚的大氣層，藍光在到達地面之前都被散射掉了，只剩紅光還能穿過厚厚的大氣層而到達地面之故，這與在月全食我們可以看到紅色的月亮是類似的情況。

　　當月全食發生時，月亮完全處在地球的陰影之下，那似乎表示沒有任何太陽光可以照到月亮，可是當陽光通過地球的大氣層，因為折射的關係，陽光還是可以照到月球表面。只是此時陽光以傾斜的角度穿過厚厚的大氣層，藍光都被大氣給散射掉了，只留下略為折射的紅光還可以照到處在地球的陰影之下的月亮，所以我們在月全食會看到紅色的月亮（如圖 6-4-2 所示）。

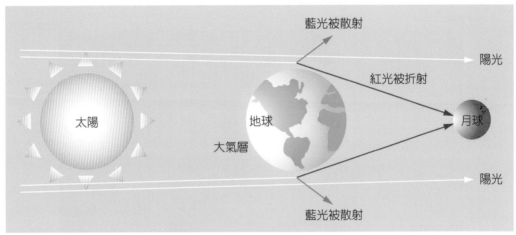

圖 6-4-2　月全食的紅色月亮

動動腦、動動手

日全食的太陽也是紅色嗎？

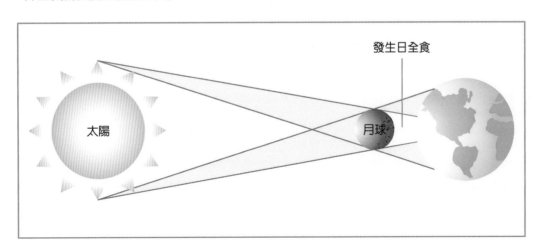

6-5 虹與霓的成因是什麼？

　　雨過天晴，偶爾會看到天邊高掛一道彩虹，如果再幸運些，甚至會看到兩道彩虹，其中處於下方色彩較明顯者稱之為虹，處於上方色彩較淡者稱之為霓，除了欣賞美麗的彩虹以外，你可曾想過虹與霓為何會有七色光？霓為何比較黯淡？虹與霓都呈現圓弧狀，這又是為什麼呢？

🔍 物理小常識

▶ 折射 (refraction)：光通過不同的介質時，前進方向發生偏折的現象。
▶ 反射 (reflection)：光遇不同介質的界面反射回到原介質的現象。
▶ 色散 (dispersion)：對於不同波長的光，介質的折射率也不同，白光在折射時，不同顏色的光線分開，這種現象就稱為色散。波長越小，折射率越大：藍色光折射率大，紅色光折射率小。

答案揭曉

太陽光內含七色光，當七色光合在一起時我們只會看見陽光是白色的，但是雨過天晴之際，大氣中仍然殘留一些小水滴，於是陽光照射到水滴產生折射與反射等現象，使得陽光中的各色光因而分開，而我們就可以在一定的仰角看到彩虹。

虹的成因是陽光照射到空氣中的水滴，產生兩次折射與一次反射的現象，由於陽光中的各色光折射程度不同，其中紅光波長最長，所以折射程度最小，而紫光波長最短，所以折射程度最大，於是當陽光照射到空氣中的水滴，產生兩次折射與一次反射的時候，各色光就會分開（如圖 6-5-1 所示），因此我們可以看到一條圓弧狀且呈現內紫外紅的彩帶，稱之為虹，它的視角約為 42°（如圖 6-5-2 所示）。

霓的成因是陽光照射到空氣中的水滴，產生兩次折射與兩次反射的現象，由於比虹的產生多了一次反射，於是各色光的排列次序恰好與虹相反，因此霓是一條內紅外紫的彩帶，它的視角約為 51°（如圖 6-5-2 所示），另外由於光反射的同時也會有部分能量被吸收，於是霓就會比虹來得黯淡。

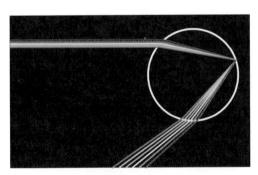

光線在水滴內經過兩次折射一次反射後
所射出的不同顏色的光線

🔖 圖 6-5-1

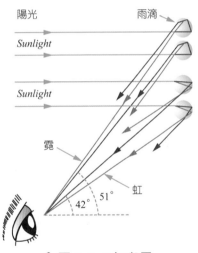
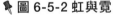

🔖 圖 6-5-2 虹與霓

 動動腦、動動手

自己製造彩虹：

以紙板將手電筒蓋住並用膠帶固定，在紙板上挖一細縫，在暗室用此手電筒照一個放在桌子邊緣之已裝水的玻璃杯，另一人拿一張白紙在玻璃杯的附近尋找彩虹的蹤影，整個過程如圖 6-5-3 所示。

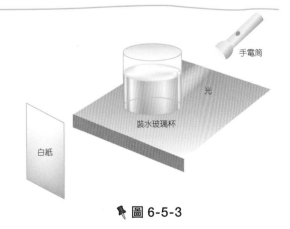

🔖 圖 6-5-3

 **6-6** 星星為何會一閃一閃的？

一閃一閃亮晶晶，滿天都是小星星
掛在天上放光明，好像許多小眼睛
一閃一閃亮晶晶，滿天都是小星星

　　小星星這首歌是大家從小就耳熟能詳的，這首歌裡說明了我們夜晚所見的星星會閃爍不停，由於星星會閃來閃去，因此還產生一個好笑的謎語，那就是：「放煙火為什麼打不到天上的星星？」在這裡我們想問，為什麼星星會閃爍不停呢？難道星星真的會自己動來動去？

🔍 物理小常識

▶ 折射 (refraction)：光通過不同的介質時，前進方向發生偏折的現象。

答案
揭曉

　　星星會閃爍的原因是由於大氣層並不是靜止且均勻的關係，在大氣層的內部到處充滿空氣的流動現象，空氣的流動反映出大氣密度不均勻，於是當星光從大氣折射到地面時，會受到空氣流動的影響而產生不規則的折射，這時我們就會感覺到星星在閃爍。

　　由於空氣的擾動會影響到觀星，因此天文學家用「視相」來描述大氣的穩定狀態，一個良好的觀星地點，除了不會受到雲層及燈光的干擾外，更要有好的視相才行。比如你到某地觀星，當夜空萬里無雲且無光害，於是你可以看到繁星密布，對一般人來說，能看到那麼多的星星就足夠了，可是由於當地上空的大氣擾動劇烈，致使每個星星都閃爍不停，對天文學家來說，這就不是一個好的觀星地點。

　　同理，拜拜時燒金紙，從爐火上方看遠處的燈光，會發現燈光也會閃爍，這與星星閃爍的原因雷同，是因為爐火使得空氣變熱，熱空氣上升造成空氣流動，於是造成燈光產生不規則的折射所致。

動動腦、動動手

　　太空人從外太空所見的星星會不會閃爍？

 肥皂膜的彩色是怎樣形成的？

還記得孩童最愛玩的吹肥皂泡的遊戲嗎？肥皂水本來沒有色彩，但吹成肥皂泡卻有燦爛的彩色，這是怎樣形成的呢？

🔍 **物理小常識**

▶ 干涉 (interference)：指波在空間中重疊時發生疊加，形成新波形的現象。可分為建設性干涉與破壞性干涉兩種。

(1) 建設性干涉：若兩波的波峰（或波谷）同時抵達同一地點，稱兩波在該點同相，干涉波會產生最大的振幅，而變得更明亮，稱為建設性干涉。

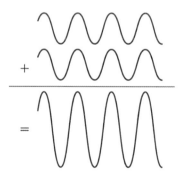

(2) 破壞性干涉：若兩波之一的波峰與另一波的波谷同時抵達同一地點，稱兩波在該點反相，干涉波會產生最小的振幅，而變得更暗淡，稱為破壞性干涉。

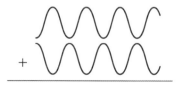

答案揭曉

　　肥皂泡的虹彩顏色是光波的干涉造成的。當光照射在皂膜上，一部分光被肥皂泡外層反射，另外一部分光在內層反射後重新穿出，最後觀測到的光由所有這些反射光的干涉所決定。

　　因為太陽光包含不同波長的色光，隨著入射角度與肥皂膜厚度的改變，造成不同色光有時會產生建設性干涉，有時會產生破壞性干涉。假設在某個皂膜厚度下，紅光產生建設性干涉，這時看起來就會特別紅；而當藍光產生破壞性干涉時，就看不到肥皂泡上的藍色反射光。

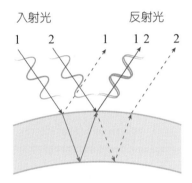

🔖 圖 6-7-1　在某個皂膜厚度下，紅光產生建設性干涉，這時皂膜看起來就會特別紅

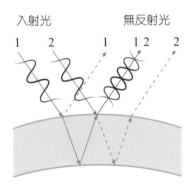

🔖 圖 6-7-2　在某個皂膜厚度下，藍光產生破壞性干涉時，就看不到皂膜的藍色反射光

動動腦、動動手

甲、乙哪個現象為干涉？哪個現象為色散？
甲：油膜色彩
乙：虹與霓

6-8 天上的星星為什麼有不同的顏色？

　　仰望夜空繁星，每顆星星好像長得都一樣，都是一個亮亮的小點，再仔細一瞧，又好像每顆星星長得都不一樣，比如有的比較亮，有的比較暗，如果你能更細心一點，應該就會發現星星有著不同的顏色，有的是紅色，有的是白色，還有的是藍色，這些不同顏色的星星是不是代表著什麼意義呢？

🔍 物理小常識

▶ 熱輻射 (thermal radiation)：指任何具有溫度的物體會放射出不同波長分布的電磁波之現象。

▶ 波長 (wavelength)：為波兩連續波峰之間的距離。

▶ 頻率 (frequency)：為波每秒震盪次數。

▶ 光之波長 (λ)、頻率 (f) 與光速 (v) 三者之關係為：v=λf，在真空之光速 v=c。

▶ 光之能量 (E) 與頻率 (f) 之關係為：E=hf（h 為蒲朗克常數）。

內部進行核反應使自己會發光的星球，我們稱之為恆星，恆星的顏色與它的表面溫度有關。

任何有溫度的物體都會有熱輻射的產生，而不同溫度的物體會輻射出不同波長分布的電磁波，由於波長越長的電磁波能量越低（也可說頻率越小的電磁波能量越低，因為電磁波之波長與頻率互為反比），因此表面溫度越低的恆星的熱輻射分布主要集中在長波長的範圍，表面溫度越高的恆星的熱輻射分布主要集中在短波長的範圍。以可見光來說，紅光波長最長而紫光波長最短，因此表面溫度越低的恆星顏色會偏向紅色，表面溫度越高的恆星顏色會偏向藍色（如圖6-8-1 所示）。

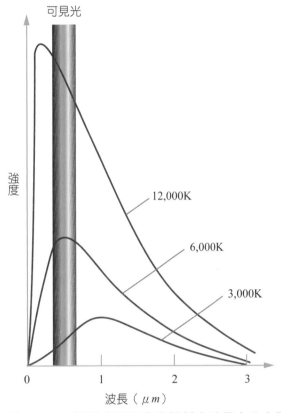

📌 **圖 6-8-1　恆星表面溫度與輻射光波長之分布圖**

在夏天的夜空中有個長得像蠍子的星座稱為天蠍座，天蠍座有一顆主星心宿二，稱作天蠍座的心臟，就是一顆紅色的恆星，這表示心宿二的表面溫度較低，約為 3,500°C；提供地球光和熱的太陽，則是一顆黃色的恆星，這表示太陽的表面溫度較心宿二稍高，約為 6,000°C；而在夏天夜空中的天琴座，有一顆很有名的恆星，那就是呈現藍白色的織女星，其表面溫度較太陽更高，約為 10,000°C（如表 6-1 所示）。

🔖 **表 6-1　恆星表面溫度與顏色對照圖**

恆星	恆星表面溫度 (°C)	星光顏色
●	30,000~40,000	藍
○	10,000~30,000	藍白
○	7,500~10,000	白
○	6,000~7,500	黃白
○	5,000~6,000	黃
●	3,500~5,000	紅橙
●	2,500~3,500	紅

💡 **動動腦、動動手**

查查看，整個夜空中最亮眼且發出藍白色光芒的恆星是大犬座的哪顆星？

夜市常見會發光的光纖玩具，其原理是什麼？

　　黑夜裡最吸引人的就是會發光的東西，其中有一種光纖玩具就頗有趣，只要將底下的開關打開，然後燈泡的亮光就會通過非常細微的管子，最後在管子的末端呈現出亮點，想想看，手持一束這種光纖玩具，就好像拿著一束會發亮的花朵，在逛夜市時可是特別引人注目。

🔍 物理小常識

▶ 折射率 (refractive index)：指光在真空中的速度對光在介質中的速度的比值稱為該介質的折射率。

▶ 全反射 (total reflection)：光從折射率大的介質傳送到折射率小的介質時會發生部分反射與部分折射的現象，如果光的入射角大於某個角度（稱為臨界角），則折射消失只剩反射，我們稱之為全反射（如圖 6-9-1 所示）。

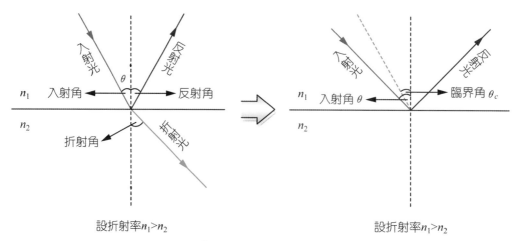

🔖 圖 6-9-1　全反射

答案揭曉

　　光纖是一種傳送光的纖維，所運用的原理是全反射，其特色是傳送光的過程中能量損耗得非常少。

　　為了說明全反射，我們先要了解介質的折射率，折射率是指光在真空中的速度對光在介質中的速度的比值，所以某介質折射率大表示光在此介質的傳遞速度較慢；某介質折射率小表示光在此介質的傳遞速度較快。光從折射率大的介質傳送到折射率小的介質時會發生部分反射與部分折射的現象，如果光的入射角大於某個角度（稱為臨界角），則折射消失只剩反射，我們稱之為全反射，也就是幾無能量損失的反射。

　　光纖是由核心與外層薄膜所組成的塑膠纖維或玻璃纖維，核心的折射率大於外膜的折射率，所以當光在核心中傳遞，以大於臨界角的角度碰到外膜時就會產生全反射（如圖 6-9-2 所示），因此利用光纖來傳送資訊的過程中能量損耗得非常少，這也使得光纖網路日漸盛行。

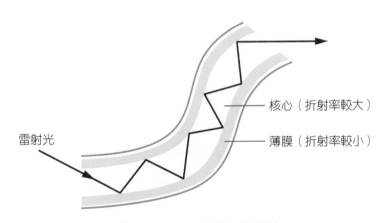

雷射光　　　　　核心（折射率較大）

薄膜（折射率較小）

📌 圖 6-9-2　光纖之全反射

 動動腦、動動手

　　光纖在醫學上有沒有什麼用途？

 為什麼戴上立體眼鏡才能看出立體電影的立體感？

　　觀看立體電影時，一定要戴上立體眼鏡才能看出立體感，如果沒戴上立體眼鏡就會看得很模糊，同時你會發現那模糊的影像似乎是由兩個影像疊和而來，這到底是為什麼？

🔍 物理小常識

▶ 偏光 (polarized light)：電磁場沿著特定方向震盪的光波稱之為偏光。

答案揭曉

　　光是一種電磁場交互振盪的波動，如果光波中的電磁場沿著特定方向震盪，我們稱之為偏光，而偏光鏡就是用來過濾不同種類的偏光。

　　假設我們將偏光方向區分為垂直與水平兩種，則偏好垂直偏光的偏光鏡只允許垂直偏光的通過，同時將阻擋水平偏光；而偏好水平偏光的偏光鏡只允許水平偏光的通過，同時將阻擋垂直偏光（如圖 6-10-1 所示）。

　　製作立體電影需要兩台攝影機以兩個不同角度（約等於人的左右眼的視差角）同時拍攝畫面，放映時也需兩台播放機同步放映此兩種畫面，但是此兩台播放機放映的光是不同方向的偏光，比如一台放映垂直偏光的影像，另一台放映水平偏光的影像。於是當我們沒戴上體眼鏡，就會看到兩個疊和影像而顯得很模糊，但是立體眼鏡是由兩塊不同的偏光片所組成，比如左眼鏡片只允許垂直偏光的通過，右眼鏡片只允許水平偏光的通過，於是我們的左右眼就可以分別看到兩個角度略有差異的影像，此兩個影像在視網膜重疊對焦後，就讓我們產生立體影像的感覺了。

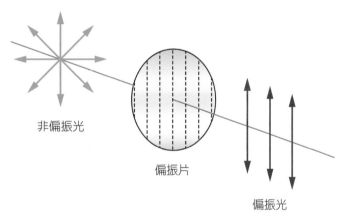

非偏振光

偏振片

偏振光

🔖 圖 6-10-1　偏光鏡原理

💡 動動腦、動動手

　　猜一猜，一位獨眼龍看立體電影，如果沒戴立體眼鏡，會不會產生立體感？如果他戴上立體眼鏡，又會不會產生立體感？

6-11　為什麼有人說遠紅外光是一種生育光線？

　　波長比可見光稍長的光是紅外光，紅外光是一種不可見光，其波長介於 0.76~1,000 微米之間。紅外光依照波長不同，可再分為近紅外光、中間紅外光與遠紅外光三種（如圖 6-11-1 所示），其中波長 0.76~1.5 微米稱為近紅外光，波長 1.5~5.6 微米稱為中間紅外光，波長 5.6~1,000 微米稱為遠紅外光。

　　近來的研究顯示波長介於 8~14 微米之間的遠紅外光對生物的生長頗有幫助，因此遠紅外光被譽為一種生育光線。於是各式各樣相關於遠紅外光的保健商品開始盛行起來，例如有人發展出會輻射出遠紅外光的衣服，號稱可以促進人體的新陳代謝。在此我們想了解，何以遠紅外光具有這種保健功能，而別種光線卻沒有這種保健功能呢？

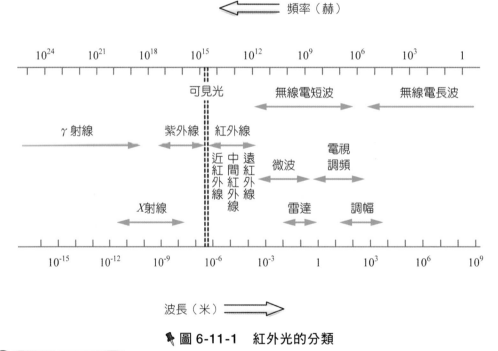

圖 6-11-1　紅外光的分類

物理小常識

▶ 紅外光 (infrared rays)：波長比可見光稍長的光是紅外光，紅外光是一種不可見光，其波長介於 0.76~1,000 微米之間。

▶ 共振 (resonance)：當波動傳至介質時，如果波的頻率與介質的振動頻率相同，就會引起介質以相同的頻率產生極大的振動，這種現象稱為共鳴或共振。

答案揭曉

　　每一種光線都有其特定的波長與頻率，遠紅外光由於其波長與頻率適中，因此能夠深入皮下組織，進而引起人體內部的分子與之共振，共振所產生的熱效應促使皮下深層組織的溫度上升，血管因而擴張，使得血液循環更加通暢，因此能將瘀血等妨害新陳代謝的障礙清除乾淨，人體的新陳代謝運作正常之後，自然就會比較健康了。

　　別種光線為何沒有遠紅外光這種保健功能呢？關鍵就在於波長與頻率不能與人體相配合，無法引起人體內的分子與之共振。這種情況就好像當你在盪鞦韆的時候，如果有人能順著你的節奏推你，你將會越盪越高；如果有人不順著你的節奏胡亂推你，你將無法越盪越高。能順著你的節奏推你的光就是遠紅外光，不順著你的節奏胡亂推你的光就是其他的光線。

　　遠紅外光對於人體健康的療效，目前科學家還在持續研究中，例如我國傳統的氣功療法所發出的氣，似乎就與遠紅外光關係密切，目前各種遠紅外光的相關商品琳瑯滿目，是否有誇大保健療效不得而知，但從能量的觀點可以了解遠紅外光對人體不會有害，這是因為光的能量與頻率成正比，而遠紅外光的頻率低於可見光，所以其能量也低於可見光。

動動腦、動動手

　　常常照遠紅外光對人體健康似乎有幫助，可是在醫學上卻不能常常照 X 光，這是為什麼？

問題 6-12　宇宙是靜止的嗎？

　　遠古時代人類以為這世界只有地球，一切以地球為中心，直到近代我們才了解地球是太陽系的一部分，太陽系是銀河系的一部分，而銀河系又只是整個宇宙中千千萬萬個星系之一而已。

　　面對浩瀚無涯的宇宙，人類顯得如此渺小，所以我們要懷著謙卑的心去了解它，關於宇宙可供探索的知識很多，在此我們想了解宇宙是靜止的嗎？如果宇宙不是靜止，那麼宇宙目前是在膨脹還是收縮當中呢？

物理小常識

▶ 紅位移 (red shift)：遠方星系所發出的光譜線產生向紅光（頻率較小）方向偏移的現象。

▶ 都卜勒效應 (Doppler effect)：當波源與觀察者彼此接近時，觀察者所得到的波的頻率會升高；當波源與觀察者彼此遠離時，觀察者所得到的波的頻率會降低。

在西元 1929 年天文暨物理學家哈伯觀察距離地球很遙遠的星系，並分析這些星系所發出的光譜，結果發現這些光譜線產生向紅光（頻率較小）方向偏移的現象，這種現象稱之為紅位移（如圖 6-12-1 所示）。

哈伯發現遠方星系所發出的光的頻率變小的現象之後，就以都卜勒效應來解釋，此時波源是遠方星系，觀察者位在地球，結果觀察者所接收到的光（電磁波）的頻率變小，那就意味這些星系都在遠離地球。而且哈伯還發現星系遠離我們的速度與距離成正比（哈伯定律），也就是距離地球越遠的星系其遠離速度越快，由此我們可以推論宇宙目前是在膨脹當中。

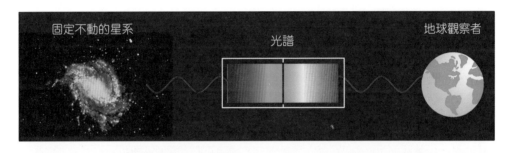

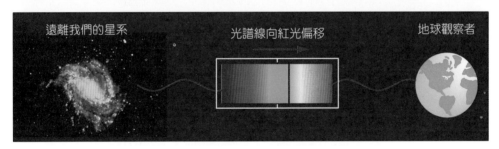

🐞 **圖 6-12-1　紅位移**

 動動腦、動動手

有人用兩種說法來描述宇宙膨脹使得星系彼此遠離：

第一種說法是利用發酵的葡萄乾饅頭來描述，在饅頭發酵膨脹的過程中，夾雜在饅頭中的葡萄乾彼此距離會變大，這個說法是將饅頭比喻成宇宙，將葡萄乾比喻成星系。

第二種說法是利用吹氣球來描述，在吹氣球的過程中，汽球表面上任兩點的距離會變大，這個說法是將汽球比喻成宇宙，將汽球表面上的點比喻成星系。

你覺得哪一個說法比較合適？

Physics and Life

UNIT 07

電與磁

PHYSICS and LIFE

本章學習地圖

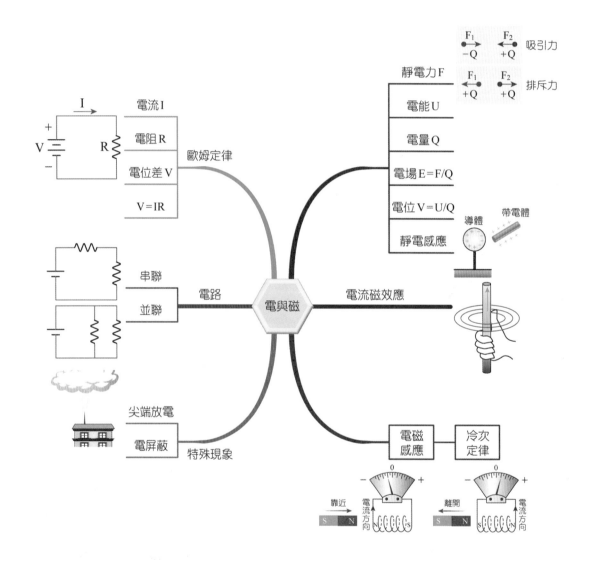

7-1　電的認識

1. 電子

英國科學家湯木生 (J.J.Thomson) 於 1897 年從陰極射線實驗中發現了電子 (electron)，電子帶負電並且為組成原子的基本粒子之一，圍繞原子核外運動，電子所帶的電量為 1.6×10^{-19}（庫倫），以符號 e 代表。

2. 導體與絕緣體

物質中含有能自由移動的電荷，可以導電者稱為導體。金屬中含有能自由移動的自由電子，所以金屬多為電的良導體，金屬導電效果最好的前三名分別為銀、銅、金。

物質中的電子幾乎不能自由移動，或是雖能自由移動，但是數量極少，幾乎不導電，稱為絕緣體。如玻璃、塑膠、陶瓷等。

有些元素如矽、鍺，在純質時導電度不佳，但參雜少量硼、鎵、磷、砷等元素後，導電能力增加，稱為半導體。

3. 摩擦起電

物體摩擦時，其中一物體的部分電子，掙脫原子的束縛，轉移到另一物體，得到電子的物體帶負電，失去電子的物體帶正電，這種因摩擦而使物體帶電的現象稱為摩擦起電。

例如以毛皮摩擦塑膠棒，電子由毛皮跑到塑膠棒，此時毛皮帶正電，塑膠棒帶負電，兩者帶電量相等。摩擦起電適用於絕緣體，金屬易導電，摩擦後產生的電荷會透過人體流失，因此摩擦起電不適用於金屬。

4. 靜電感應

當帶電體接近導體時，使導體的正負電荷分離的現象稱為靜電感應。靜電感應的成因是導體中的自由電子受到帶電體靜電力作用，產生排斥或吸引的現象。

當帶負電的帶電體靠近金屬導體時，金屬內部的自由電子，因為受到排斥而移

動，使得金屬導體接近帶電體的一端帶正電，遠離帶電體的一端帶負電。當帶正電的帶電體靠近金屬導體時，金屬內部的自由電子，因為受到吸引而移動，使得金屬導體接近帶電體的一端帶負電，遠離帶電體的一端帶正電。

📌 **帶負電物體靠近導體的靜電感應**

📌 **帶正電物體靠近導體的靜電感應**

5. 感應起電

利用靜電感應的原理，使導體帶有與帶電體相異電荷的方法稱為感應起電。

(1) 利用感應起電使金屬帶正電

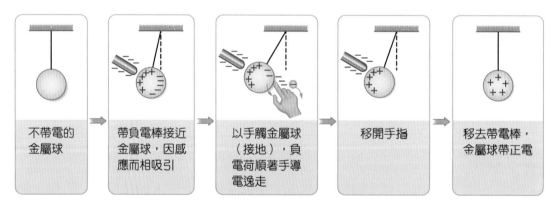

| 不帶電的金屬球 | 帶負電棒接近金屬球，因感應而相吸引 | 以手觸金屬球（接地），負電荷順著手導電逸走 | 移開手指 | 移去帶電棒，金屬球帶正電 |

📌 **利用感應起電使金屬帶正電**

(2) 利用感應起電使金屬帶負電

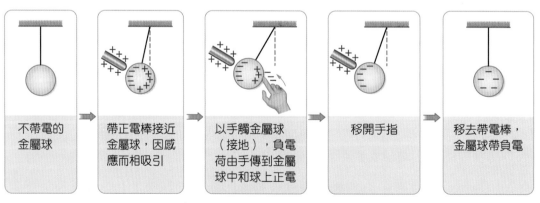

| 不帶電的金屬球 | 帶正電棒接近金屬球，因感應而相吸引 | 以手觸金屬球（接地），負電荷由手傳到金屬球中和球上正電 | 移開手指 | 移去帶電棒，金屬球帶負電 |

📌 **利用感應起電使金屬帶負電**

6. 靜電力

(1) 靜電力：兩帶電體間的吸引力或排斥力稱為靜電力。異性電荷彼此互相吸引，
同性電荷彼此互相排斥。

(2) 庫侖定律：兩帶電體之間的作用力大小與各自的帶電量成正比，與彼此間的距
離平方成反比。

$$F = k \frac{Q_1 Q_2}{r^2}$$

F：兩帶電體間 Q_1、Q_2 的靜電力（牛頓，N）

k：常數，$9 \times 10^9 \ Nm^2/C^2$

Q_1、Q_2：兩帶電體的帶電量（庫侖，C）

r：兩帶電體間的距離（公尺，m）

7-2　電路與電器

1. **電路**：基本電路包含電源、電器、導線三部分。電源提供電能，電器消耗電能，
導線將電源和電器連成一封閉迴路。

2. **常見電路符號**：利用電路元件的符號，可以繪製電路圖。

名稱	符號	說明	名稱	符號	說明
電池		提供直流電源有正負極之分	安培計	Ⓐ	測量電流大小
導線	——	連接電器、電源	伏特計	Ⓥ	測量電壓大小
燈泡	⊸⊶	將電能轉換成熱能及光能	電阻	∿	消耗電能轉換成熱能
開關	—／—	控制電路的通路或斷路	交流電	⊸∿⊶	提供交流電源

3. 電路圖判別

(1) 斷路：如下圖 (a)，導線中沒有電流，電器無法運作。

(2) 正常通路：如下圖 (b)，導線中有電流，電流有流過電器。

(3) 短路：如下圖 (c)，導線中有電流，但是電流幾乎不流過電器，電器無法運作。

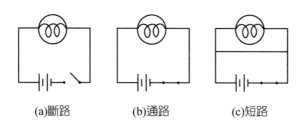

(a)斷路　　　(b)通路　　　(c)短路

📌 **斷路、通路與短路的電路圖**

4. 串聯與並聯

電器的接法有串聯和並聯兩種。

(1) 串聯：電器電源均在同一迴路上，如下圖 (a)，其中一個燈泡壞掉或取下，另一個燈泡跟著不亮，因為斷路。

(2) 並聯：兩連接點間，電器分列不同電路，如下圖 (b)，其中一個燈泡壞掉或取下，另一個燈泡仍亮。所以家用電器是並聯使用，其中一種電器壞了，其他的電器仍可正常使用。

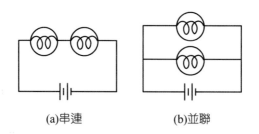

(a)串連　　　　　(b)並聯

📌 **串聯與並聯電路圖**

5. 電壓

當導線兩端電位高低不同時，兩端的電位差稱為電壓，使得正電荷在導線中從高電位處向低電位處流動，於是形成電流。電壓的單位為伏特 (Volt)，簡記為 V。乾電池是利用化學能轉換成電能的裝置，電池正極電位比負極高，正負兩極的電位差為乾電池的電壓。

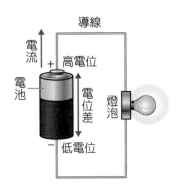

🔖 電路中電位的變化

　　測電壓的儀器是伏特計，伏特計的使用需與待測物並聯，也就是跨接待測物的兩端。因為伏特計內電阻極大，若串聯接於電路時，電路因電阻大增而電流大減，致電器無法正常使用。

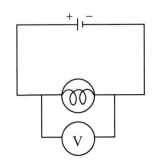

🔖 伏特計的使用需與待測物並聯

 7-3 電流

1. 電流與電子流

　　導線內正電荷的移動，稱為電流。電子（負電荷）的移動，稱為電子流。電子由電池負極流出，經由導線，流向電池正極；而電流由電池正極流出，經由導線，流向電池負極。因此電流方向與電子流的方向相反。

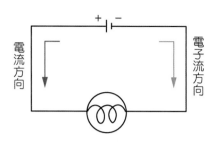

🔖 導線中電流方向與電子流的方向相反

2. 電流強度（電流大小）

　　單位時間內，通過導線上某一截面的電量，就是該截面的電流強度。電流強度公式如下：

$$I = \frac{Q}{t}$$

I： 電流（安培，A）

Q： 電量（庫侖，C）

t： 時間（秒，s）

　　因此每秒鐘通過導線上某一截面的電量為 1 庫侖時，則稱此電流大小為 1 安培。測電流的儀器是安培計，安培計的使用需與待測物串聯。因為安培計內電阻極小，不可與電器並聯或直接接電池，否則通過的電流太大，安培計可能燒壞。

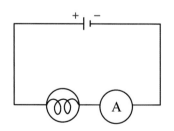

🔖 安培計的使用需與待測物串聯

 **7-4** 電阻與歐姆定律

1. 電阻

　　電子在導體流動時，和導體內原子發生碰撞，產生阻力，稱為電阻。影響電阻大小的因素包括材質、溫度、導線截面積與導線長度等四個因素：

(1) 材質：金屬導體的電阻小，容易導電；非金屬（石墨除外）電阻大，不易導電。

(2) 溫度：對金屬導體而言，通常溫度越高，電阻會越大。

(3) 導線截面積：在固定電壓下，導線的截面積越大（即導線越粗），電子越容易通過導線，產生的電流越大，則導線的電阻越小。

(4) 導線長度：在固定電壓下，導線越長，電子與導線中原子碰撞的機會也會增加，電子越不容易通過導線，產生的電流越小，則導線的電阻越大。

　　綜合以上四個影響電阻的因素可得電阻公式如下：

$$R = \rho \frac{L}{A}$$

R：電阻（歐姆，Ω）

ρ：電阻率 $(\Omega \cdot m)$，因物質種類、溫度而異

A：導線截面積 (m^2)

L：導線長度 (m)

2. 歐姆定律

(1) 歐姆發現：溫度不變，同一金屬導線導電時，無論電壓如何改變，兩端的電壓 (V) 與通過的電流成正比，此電壓與電流的比值即為金屬導線的電阻。

(2) 歐姆定律：定溫下，導體的電壓與電流成正比，也就是電阻為定值，與電壓、電流大小無關。

$$R = \frac{V}{I} \quad 或 \quad V = IR$$

R：電阻（歐姆，Ω）

V：電壓（伏特，V）

I：電流（安培，A）

3. 電阻串聯、並聯

(1) 電阻 $(R_A \cdot R_B)$ 串聯，總電阻 (R) 等於各電阻相加，即 $R = R_A + R_B$。

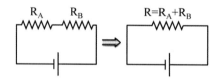

📍 電阻串聯，總電阻等於各電阻相加

(2) 電阻 $(R_A \cdot R_B)$ 並聯，總電阻 (R) 的倒數等於各電阻倒數相加，即 $\dfrac{1}{R} = \dfrac{1}{R_A} + \dfrac{1}{R_B}$。

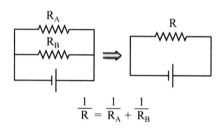

$$\frac{1}{R} = \frac{1}{R_A} + \frac{1}{R_B}$$

📍 電阻並聯，總電阻的倒數等於各電阻倒數相加

 **7-5** 電場、電位能、電位

1. 電場

　　單位正電荷所受之電力，稱為該處的電場。電場強度的代號為 E，單位為牛頓／庫侖，公式如下：

$$E = \frac{F}{Q}$$

E：電場強度　　F：電力　　Q：電量

2. 電位能

　　將電荷由無窮遠處移至某處，外力抵抗靜電力所做的功，即為電荷在該處所具有之電位能，電位能的單位是焦耳。

3. 電位

　　單位正電荷在某處的電位能即為該處之電位，電流會由高電位流向低電位，電位的單位是伏特。

7-6　電磁感應與冷次定律

1. **電磁感應 (electromagnetic induction)：** 由變動的磁場產生感應電流的現象。

2. **冷次定律 (Lenz's law)：** 當一線圈內的磁場發生變化時，此線圈會產生感應電流，而感應電流產生的新磁場恆反抗原磁場變化。

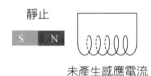
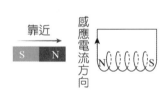

(A) 磁鐵靜止　　　　　　(B) 磁鐵靠近線圈　　　　　(C) 磁鐵遠離線圈

🔖 電磁感應與冷次定律

應用 UNIT 07 電與磁

問題 7-1 人體的神經傳導方式跟電線中的電流傳導是一樣的嗎？

　　人的所有動作都是藉著神經來傳導，比如一個人的手不小心碰到很燙的東西，會不自覺且很快速地把手縮回來，這個過程就是靠感覺神經將刺激傳到脊髓，然後脊髓將刺激經由運動神經傳到手部的肌肉，引起肌肉的收縮，使得手能避開這個很燙的東西，所以神經傳導的速度是很快的，有些人認為神經傳導的本質就是電流，你覺得是不是呢？

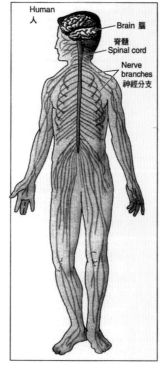

🔍 **物理小常識**

▶ 電位 (electric potential)：單位正電荷在某地所受的位能即為該地之電位。電流會由高電位流向低電位。

▶ 電場 (electric field)：單位正電荷所受之電力，稱為該處的電場。

▶ 電流 (electric current)：正電荷在導體中移動的現象，稱為電流。但實際上是電子在移動，由於電子帶負電，因此電子流動的方向會與電流的方向相反。

電流是由電場造成電子移動的現象，而神經傳導是由離子移動造成電位的改變所產生的，雖然兩者都與電荷有關，但是兩者的傳導方式與速率是不同的。

當刺激傳來時，神經細胞外部的鈉離子會進入細胞內，使得膜電位變成正的，當刺激離開時，神經細胞內部的鉀離子會跑出細胞外，使得膜電位又變回負的，所以神經衝動的傳導就是由離子的移動造成膜電位的改變所產生的（如圖 7-1-1 所示）。在早期科學家一開始認為導線中的電流是由正電荷移動所造成的，因此定義電流指的是正電荷的移動，這個定義沿用了數十年後，後來才發現事實上動的是電子，由於電子帶負電，因此電子受到電場驅動的方向會與電流的方向相反（如圖 7-1-2 所示）。所以導線中的電流或電子流是同一回事，只是方向相反而已，而電流（或電子流）傳導速率則與電場傳播速率相同。

人體不同部位的神經纖維之傳導速度從 1 m/s 到 120 m/s 不等，以每秒 120 公尺的速度上限而言，這樣的傳導速度看似頗快，但相較於電路接通後導線中電子受到電場的驅動（如圖 7-2 所示）而言是十分慢的。因為電場的傳播速度在真空中即是光速 $c=3\times10^8$m/s，就算在導線中電場的傳播速度也有光速的 95%（即 0.95c）。

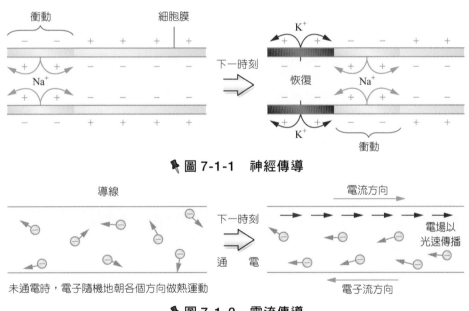

圖 7-1-1　神經傳導

圖 7-1-2　電流傳導

動動腦、動動手

(1) 若導電的速度以 0.95c 來計算，請證明距離為 365 公里的導電時間需花 0.0013 秒。

(2) 若神經纖維之傳導速度以 120 m/s 來計算，請證明距離為 365 公里的傳導時間需花 50 分鐘。

 **7-2** 為什麼同一個插座不要接太多電器？

　　根據統計，火災發生以電線走火的比例最高，而電線走火又大多是因不當使用延長線所致，所以如何安全用電每個人都必須知道。現代是一個電器化的時代，每個人的家裡總是擺滿了各式各樣的電器，也因為如此，大家總覺得插座不夠用，於是就經常從插座再接上延長線，於是本來一個插座的插孔只能接一個電器，這下子變成了可以接上三、四個以上的電器，有些人也許更誇張，在延長線上再接上延長線，當事人也許感到很方便，卻不曉得危險已在身旁。

🔍 物理小常識

▶ 串聯 (series connection)：電路中將兩個或兩個以上的元件串接於同一條電路上，此種接法稱為串聯（如圖 7-2-1 所示），串聯電路中各元件的電流恆相等。

▶ 並聯 (parallel connection)：電路中將兩個或兩個以上的元件之一端相接於一處，另一端亦均接於另一處，此種接法稱為並聯（如圖 7-2-2 所示），並聯電路中各元件的電壓降恆相等。

▶ 電壓 (voltage)：單位正電荷在 A 處的電位能與在 B 處的電位能的差值，稱為 A、B 兩處的電位差，亦稱電壓，常以符號 V 表示。

▶ 電流 (electric current)：正電荷在導體中移動的現象，稱為電流，常以符號 I 表示。但實際上是電子在移動，由於電子帶負電，因此電子流動的方向會與電流的方向相反。

▶ 電阻 (resistance)：物質對電流傳遞的阻礙作用，常以符號 R 表示。良導體的電阻小，不良導體的電阻大，絕緣體的電阻極大。

▶ 電功率 (electric power)：物體在單位時間（秒）所消耗的電能，常以符號 P 表示。

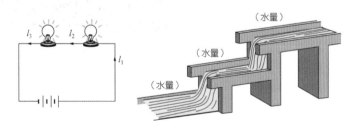

🔧 圖 7-2-1　串聯電路

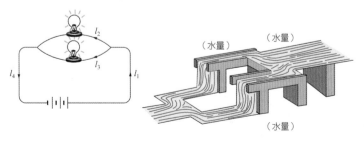

🔧 圖 7-2-2　並聯電路

答案揭曉

　　多個電器利用延長線共用一個插孔，這時所有的電器是並聯在一起的，理由很簡單，因為你將其中任何一個電器的插頭拔掉，其他的電器仍然可以通電運作，這是並聯電路的特色。如果是串聯電路，那麼將其中任何一個電器的插頭拔掉，其他的電器就會無法通電。

　　在並聯的情況下，每個電器兩端的電壓都相同（家庭用電是 110 伏特），而且流過插座電線的電流會是流過每個電器電流的總和，所以這時流過插座電線的電流會變得很大，由於電線本身存在一定的電阻，這會使得大量電流經過電線產生大量熱能，也就是此時電線會變得非常燙，一旦電線的溫度超過了熔點，電線就會被燒斷，嚴重的還會造成電線走火。

　　以耗電功率 660 瓦特的電鍋而言，當接通 110 伏特的電壓時，就需要 6 安培的電流（因為電流＝功率／電壓），如果你在延長線一次接上三個電鍋，就會用到 18 安培的電流，這樣的電流量已經超過市面上一般延長線的最高容許電流 15 安培，當電流超過負載，使得電線過熱，很容易引起火災。

　　所以家裡的電路配置都會裝置保險絲，保險絲是一種熔點低、電阻大的金屬，當電線負載電流過大時，保險絲會先燒斷，以維護安全，所以千萬要記得，不要在同一時間使用過多耗電量大的電器。

動動腦、動動手

　　如果保險絲燒斷要更換時，家裡沒有現成的保險絲可以替換，此時可不可以用其他金屬線（例如銅線、鐵線等）代替保險絲？

問題 7-3 鳥站在高壓電線上為什麼不會觸電？

　　高壓電線是一種裸露的電線，電廠發出的電首先經由高壓電線，再分送到家家戶戶，我們常會在高壓電塔底下看到警告牌，上面標示「危險、請勿靠近」等標語，表示高壓電是很危險的，既然高壓電這麼危險，為什麼小鳥站在裸露的高壓電線上不會觸電？但是如果高壓電線掉落地面，人又不小心碰到就會觸電，這又是為什麼呢？

　　美麗的台灣藍鵲是台灣珍貴而稀有的鳥類，特別是牠那長長的尾巴，更為牠搏得「長尾山娘」的名號，只是你知道嗎？台灣藍鵲的長尾巴也使牠停在高壓電線時增加了危險性，這是為什麼呢？

🔍 物理小常識

▶ 電位 (electric potential)：單位正電荷在某地所受的位能即為該地之電位。電流會由高電位流向低電位。

▶ 電壓 (voltage)：單位正電荷在 A 處的電位能與在 B 處的電位能的差值，稱為 A、B 兩處的電位差，亦稱電壓，常以符號 V 表示。

▶ 電流 (electric current)：正電荷在導體中移動的現象，稱為電流，常以符號 I 表示。但實際上是電子在移動，由於電子帶負電，因此電子流動的方向會與電流的方向相反。

▶ 電阻 (resistance)：物質對電流傳遞的阻礙作用，常以符號 R 表示。良導體的電阻小，不良導體的電阻大，絕緣體的電阻極大。

▶ 歐姆定律 (Ohm's law)：一導線的電流 I 與兩端的電壓 V 成正比，與導線的電阻 R 成反比，即 $V=IR$。

比較圖 7-3-1 與 7-3-2 的燈泡，我們來看看燈泡會不會亮？圖 7-3-1 之燈泡所在處（CD 之間）因為不構成迴路，所以電流流動方向仍然是 A → B，因為電流不會流過燈泡，所以燈泡不會亮。圖 7-3-2 因 AB 之間無電阻，而 CD 之間的燈泡有一定的電阻，所以電流流動方向仍然是 A → B，既然電流不會流過燈泡，所以燈泡也不會亮。

現在我們將小鳥想像成圖中之燈泡，當小鳥單腳站在高壓電線時（圖 7-3-3），就好比是圖 7-3-1 之情況，因為小鳥所在處不構成迴路，所以電流不會流過小鳥身上，因此小鳥不會觸電。即使小鳥雙腳站在同一條高壓電線時（圖 7-3-4），就好比是圖 7-3-2 之情況，因 AB 之間無電阻，而 CD 之間的小鳥有一定的電阻，所以電流流動方向仍然是 A → B，既然電流不會流過小鳥身上，因此小鳥還是不會觸電。

台灣藍鵲站在高壓電線上比較容易觸電的原因，是由於尾巴太長，很容易碰觸到另一條高壓線，形成通路，電流就從電位較高的電線透過藍鵲傳到電位較低的電線。而人站在地面上碰到斷裂的高壓電線或者用竹竿去碰高壓電線都會有觸電的可能，那是因為地面的電位為零，所以電流就從高壓電線經人傳到地面，於是當事人就會觸電。

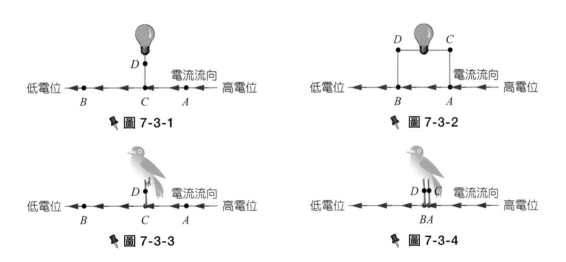

圖 7-3-1　　　　　　　　　　　圖 7-3-2

圖 7-3-3　　　　　　　　　　　圖 7-3-4

 動動腦、動動手

下列的小鳥站在高壓電線上，哪幾隻會被電到？

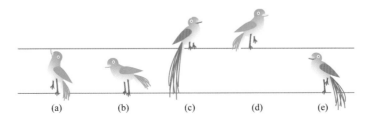

(a)　　(b)　　(c)　　(d)　　(e)

怎樣測量體內脂肪有多少？

體內脂肪含量相對於體重的百分比稱為體脂率，一個體脂率 20% 的人意味著每一公斤重的體重中就有 0.2 公斤重的脂肪。光從外觀無法判斷一個人的體脂率，比如一個相撲選手雖然很胖，可是由於他常常運動，所以其體脂率不見得比一個瘦子來得高。令人不解的是，既然從外觀無法判斷一個人的體脂率，何以利用體脂計就能測出體脂率？

物理小常識

▶ 電位 (electric potential)：單位正電荷在某地所受的位能即為該地之電位。電流會由高電位流向低電位。

▶ 電壓 (voltage)：單位正電荷在 A 處的電位能與在 B 處的電位能的差值，稱為 A、B 兩處的電位差，亦稱電壓，常以符號 V 表示。

▶ 電流 (electric current)：正電荷在導體中移動的現象，稱為電流，常以符號 I 表示。但實際上是電子在移動，由於電子帶負電，因此電子流動的方向會與電流的方向相反。

▶ 電阻 (resistance)：物質對電流傳遞的阻礙作用，常以符號 R 表示。良導體的電阻小，不良導體的電阻大，絕緣體的電阻極大。

▶ 歐姆定律 (Ohm's law)：一導線的電流 I 與兩端的電壓 V 成正比，與導線的電阻 R 成反比，即 V=IR。

答案
揭曉

　　人體的組織中以脂肪的電阻最大，其餘組織（如肌肉、血液）相對脂肪而言，電阻就很小。利用這個特性，如果我們對人體通以定量的電流，一個體脂率高的人表示其電阻較高，根據歐姆定律，我們就會得到一個較高的電壓；同樣地，一個體脂率低的人表示其電阻較低，通以定量的電流，就會得到一個較低的電壓。

　　所以體脂計就是提供一個固定的電流，通過人體這個電阻，再偵測出電壓，從而判斷出這個人的體脂率。當然說到這裡，你可能會嚇一跳，原來要測出體脂率，還要被電一下才行，其實不必擔心，體脂計所提供的電流很小，小到只有 500 微安培，這樣微量的電流通過人體，人體也感覺不到。

　　體脂肪太多或太少對人體都不好，在此特別提供表 7-1 讓讀者參考，判斷自己的體脂率是否正常，如果你還不知道自己的體脂率是多少，那就要去讓體脂計電一下了。

表 7-1　體脂率

性　別	正常範圍		肥胖傾向
	30 歲以下	30 歲以上	
男性	14~20%	17~23%	25% 以上
女性	17~24%	20~27%	30% 以上

動動腦、動動手

　　使用體脂計時身體要放輕鬆，不要讓肌肉緊繃，否則測出的體脂率就不準了，你覺得這是為什麼呢？

問題 7-5　雷電是如何形成的？

　　雷雨來臨的時候，在昏暗的天空裡猛然出現一道道耀眼的光芒，隨後出現轟隆隆的聲音，叫人不想注意也不行，所以古老的傳說將雷電驚人的威力變成了神話，相傳有雷公與電婆掌管雷與電，負責賞善罰惡，說明了人們對大自然的景仰之心，現在且讓我們以科學的角度來探討一下雷電的成因。

🔍 **物理小常識**

▶　電壓 (voltage)：單位正電荷在 A 處的電位能與在 B 處的電位能的差值，稱為 A、B 兩處的電位差，亦稱電壓，常以符號 V 表示。

答案揭曉

　　天空中的雲會因氣流的影響使雲裡的水滴與冰晶作劇烈的運動與摩擦，水滴的電子易被冰晶搶走，使得水滴帶正電，冰晶帶負電，由於水滴較輕會聚在雲上端，冰晶較重會聚在雲下端，於是正電荷與負電荷就分別聚集到雲的兩端，形成所謂的雷雨雲，當雷雨雲累積的電量達到一定程度，使得電壓達到相當的差距時，雷雨雲就會開始放電，一旦雷雨雲放出來的電流能穿過原本很難導電的空氣，最後到達另一處帶異性電的地方，這地方可能是同一朵雷雨雲的另一端或是另一朵雷雨雲或是地面，進而產生正負電中和的現象，而發出強烈的光，這就是所謂的閃電（如圖 7-5-1 所示）。所以閃電會發生在同一朵雲團之間，也可能發生在雲團與雲團之間，當然也可能會打到地面上。

　　至於雷聲的由來是因為閃電的電壓甚高，於是使得閃電經過的空氣產生劇烈的波動，而發出巨大的聲音向四周傳播，這就是所謂的雷聲。由於閃電是以光速前進，而雷聲是以音速前進，光速遠大於音速，所以我們會先看到閃電，而後聽到雷聲，我們也可以利用這段時間差來計算雷電發生的位置離我們有多遠。

🔻圖 7-5-1　雷雨雲與閃電

💡 動動腦、動動手

　　已知光速是 3×10^8 m/s，音速是 340 m/s，某人看到閃電後，再經過 2 秒才聽到雷聲，則雷電發生的位置離他有多遠？

問題 **7-6** 避雷針的原理是什麼？

　　雷電使人敬畏的原因，一部分是因為那巨大的雷聲與耀眼的閃光，更重要的是閃電有時會擊中地面，造成地面物體的傷害，特別是一些高聳入雲的物體更容易受到雷電的襲擊，於是一場雷雨之後，參天古樹倒塌了，房舍也被毀壞了，所幸生活在現代的我們有著避雷針的保護，所以就算住在高樓大廈，也不必擔心雷電的襲擊。

🔍 物理小常識

▶ 電位 (electric potential)：單位正電荷在某地所受的位能即為該地之電位。
▶ 電場 (electric field)：單位正電荷所受之電力，稱為該處的電場。
▶ 尖端放電 (point discharge)：在電場作用下，導體尖端附近的等電位面很密，造成電場強度大增，使得這裡的空氣被電離而產生氣體放電現象，稱為尖端放電。

答案揭曉

避雷針是由美國人富蘭克林發明的，其構造是一根金屬針，金屬針的底部連著導線通到地下。當雷雨雲放電時，最後會擊中地面上帶正電最多的地方，由於避雷針應用了尖端放電的原理，在其尖端會聚集較其他地方更多的正電荷，同時我們通常將避雷針放在建築物的高處，所以避雷針會引導雷雨雲的負電沿著避雷針放電到地底下，讓閃電電流被大地吸收，如此一來，就可有效避免雷擊的損害。

有趣的是西方傳統上認為雷電是上帝之火，因此避雷針發明之初，教會將它視為不祥之物，認為裝上了避雷針，將引起上帝的震怒，不但不能避雷，反而會招致雷擊，只是眼見一些比教堂高的建築物紛紛裝上避雷針，而在雷雨中安然無恙，但是一些沒裝上避雷針的教堂卻經常遭受雷擊，到了後來教會也跟著接受了此一發明，於是避雷針就開始流傳世界各地。

動動腦、動動手

在中國的傳統建築中，屋頂簷角常用龍來裝飾，龍舌是用金屬做成，並在舌根處連著鐵絲通到地下，你覺得這樣做有什麼用處？

 汽車被閃電打到，車子裡的人會不會也被電到？

　　照理說金屬是電的良導體，而汽車具有金屬外殼，所以閃電應該很容易打到汽車，可是我們常常聽到建築物被閃電打到而損毀的消息，卻好像從沒聽到汽車被閃電打到遭致人員損傷的新聞，究竟是閃電不會打到汽車？還是閃電打到汽車但不會進到車子裡面？

🔍 物理小常識

▶ 電屏蔽 (electric shielding)：在導體內的自由電子會因外來電場而重新分布，結果造成導體內部的淨電場為零，稱為電屏蔽的現象（如圖 7-7-1 所示）。

▶ 電場 (electric field)：單位正電荷所受之電力，稱為該處的電場，常以符號 E 表示。

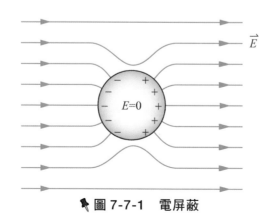

📌 圖 7-7-1　電屏蔽

　　閃電會打到汽車，只是機率不大，因為汽車在街上行駛，兩旁的建築物都比較高，所以閃電會落在較高的建築物，而不會落在車子上。可是一旦汽車行駛的周遭沒有高的物體，這時閃電就有可能落在車子上。

　　當閃電打到車子上時，會發生什麼事呢？首先我們要談論一下電屏蔽的現象，所謂電屏蔽指的是「將金屬導體圍成的容器置於電場中，容器內部空間卻無電場之現象」。汽車可視為一個金屬容器，根據電屏效應，當汽車受到電擊時，電流只會流過汽車外表，最後再通到地面上，而不會流進車子裡面，換言之，車子受到電擊時，車中人將是安全的。

 動動腦、動動手

(1) 飛機若遭受雷擊，強大的閃電電流會不會流進飛機內，使得裡面的人員被電到？

(2) 如圖 7-7-2 顯示出在飛機機翼的兩側有著稱為靜電釋放器的突起物（箭頭指處），那有什麼功能？

⚡圖 7-7-2　飛機的靜電釋放器

7-8 廣播的 AM 與 FM 有何不同？

使用收音機聽廣播時，我們會發現廣播有兩種不同的頻道，一種是調幅頻道，調幅的英文是 Amplitude Modulation，故簡稱 AM；另一種是調頻頻道，調頻的英文是 Frequency Modulation，故簡稱 FM。為何廣播要分成這兩種不同的頻道呢？

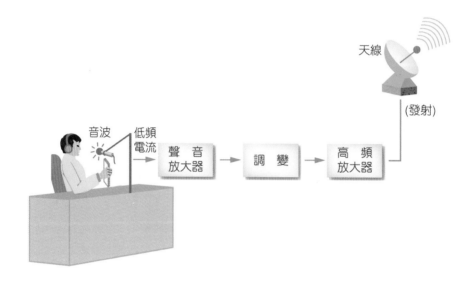

物理小常識

▶ 縱波 (longitudinal wave)：物質振動方向與波前進方向平行者稱為縱波，又稱疏密波。

▶ 橫波 (transverse wave)：物質振動方向與波前進方向垂直者稱為橫波，又稱高低波。

▶ 聲波 (sound wave)：由空氣分子的疏密變化所產生的波動，為縱波的一種（如圖 7-8-1 所示）。

▶ 電磁波 (electromagnetic wave)：電磁波就是藉由電場與磁場交互震盪作用，而在空間中所產生的行進波動，為橫波的一種（如圖 7-8-2 所示）。

▶ 電場 (electric field)：單位正電荷所受之電力，稱為該處的電場。

▶ 磁場 (magnetic field)：單位正極所受磁力的大小，稱為該處的磁場。

圖 7-8-1 聲波

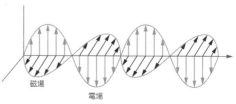

圖 7-8-2 電磁波

答案
揭曉

　　廣播是將聲波以電磁波的形式傳送出來，聲波是由空氣分子的疏密變化所產生，所以需要空氣當介質來傳送，其傳送速率就是音速；而電磁波是電場與磁場的交互震盪形式，在真空中也能傳送，其傳送速率　　就是光速。所以將聲波以電磁波的形式傳送出來有很多好處，比如速度會從音速變成光速，傳送速度一下子快了許多。在播音室中聲音首先經由麥克風轉變成電流，再將此一聲波訊號附著在一個高頻的電磁波（稱為載波）上，才能由天線發射出去而傳至遠方。而聲波轉換成電磁波的訊號有兩種方式，一種是將聲波訊號以電磁波的振幅變化來表示，稱為調幅 (AM)，當聲波密度大時，轉換成的電磁波振幅也大，當聲波密度小時，轉換成的電磁波振幅也小（如圖 7-8-3 所示）；另一種是將聲波訊號以電磁波的頻率變化來表示，稱為調頻 (FM)，當聲波密度大時，轉換成的電磁波頻率也大，當聲波密度小時，轉換成的電磁波頻率也小（如圖 7-8-4 所示）。

　　調幅 (AM) 的訊號屬於低頻，介於 535 仟赫 (kHz) 到 1,605 仟赫 (kHz) 之間，所以調幅廣播的頻率範圍較窄，只有 1.07 百萬赫 (MHz)，因此電台之間的干擾較多；而調頻 (FM) 的訊號屬於高頻，介於 88 百萬赫 (MHz) 到 108 百萬赫 (MHz) 之間，所以調頻廣播的頻率範圍較寬，有著 20 百萬赫 (MHz) 的頻寬，因此電台之間的干擾較少。另外由於波的振幅比較容易受到地形地物的干擾而被削弱，但是頻率卻不會受到影響，所以調頻訊號較不易受到干擾而比較清晰；話說回來，低頻的調幅訊號也有其優點，因為低頻的無線電訊號能由大氣層的電離層反射回來，於是調幅的訊號可以傳送得很遠。

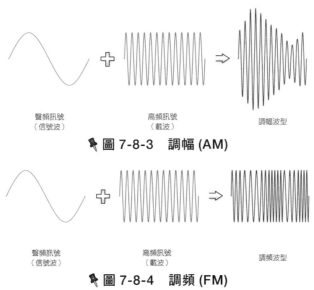

聲頻訊號　　　　高頻訊號
（信號波）　　　（載波）　　　　　調幅波型

📌 **圖 7-8-3　調幅 (AM)**

聲頻訊號　　　　高頻訊號
（信號波）　　　（載波）　　　　　調頻波型

📌 **圖 7-8-4　調頻 (FM)**

💡 動動腦、動動手

　　如果我們在台北聽國內廣播時，無意間聽到一個來自日本的廣播訊號，那麼這個外來的訊號是屬於調頻還是調幅的訊號呢？

問題 7-9 　大賣場的防盜門原理為何？

　　大賣場、服裝店、書店與影音產品出租店的出入口都設有防盜裝置，如果還沒結帳就走出去，警報聲便會響起。這種防盜裝置的原理究竟是什麼？

🔍物理小常識

▶ 電磁感應 (electromagnetic induction)：由變動的磁場產生感應電流的現象。

▶ 冷次定律 (Lenz's law)：當一線圈內的磁場發生變化時，此線圈會產生感應電流，而感應電流產生的新磁場恆反抗原磁場變化。

(A) 磁鐵靜止

(B) 磁鐵靠近線圈

(C) 磁鐵遠離線圈

　　商家為了防竊，會在商品內暗藏防盜磁條或防盜磁扣等防盜裝置，如果還沒結帳就走出門口，防盜門警報聲便會響起。

　　防盜裝置內含磁性物質，當這件商品通過防盜門的時候，根據電磁感應原理，防盜門會產生感應電流並發出警報聲，因此可以用來防止偷竊。

　　商品如果使用防盜磁條，結帳過程中，店員會先將商品消磁，消磁原理是利用反向磁場抵消原有磁場，即將磁條的 N 極與磁鐵的 S 極（或磁條的 S 極和磁鐵的 N 極）相互接觸，如此達到商品消磁的作用。帶著經過消磁的商品走出去，警報器就不會響。

　　商品如果使用防盜磁扣，結帳過程中，店員使用取釘器，靠著取釘器的磁力將防盜磁扣拆下來，通過防盜門才不會觸動警鈴。

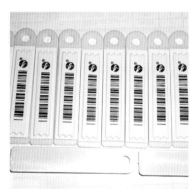  

📌 圖 7-9-1　各類磁性防盜裝置

動動腦、動動手

　　下列關於感應電流的敘述，甲、乙何者錯誤？
　　甲、當磁場不再變化時，感應電流消失
　　乙、有電流可產生磁場，同理有磁場也可形成感應電流

UNIT **08**

能量與生活

PHYSICS
and LIFE

本章學習地圖

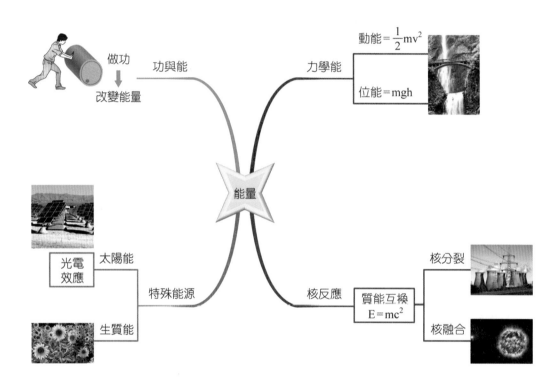

理論 UNIT 08 能量與生活

8-1 功與能

　　物體受到外力作用時，若物體沿施力的方向產生位移，則稱外力對物體做功。當施力與物體位移方向相同時，稱為「正功」，會增加物體能量；當施力與物體位移方向相反時，稱為「負功」，會減少物體能量。

　　功的公式如下：

$$W = F \times S_{\parallel}$$

W：功（焦耳，J）

　F：外力（牛頓，N）

$S_{\parallel}$：沿力方向的位移（公尺，m）

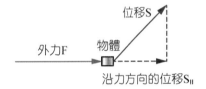

8-2 功率

　　單位時間內所作的功，稱為功率，可用來描述外力對物體作功的效率。功率的公式如下：

$$P = \frac{W}{t}$$

P　：功率（瓦特，w）

W：外力作功（牛頓，N）

t　：歷經時間（秒，s）

　　若外力一秒鐘內對物體作功一焦耳，則該外力的功率是一瓦特。電器上標示的功率，表示電器每秒鐘消耗的電能，例如燈泡上標示 60w，這表示燈泡每秒鐘消耗 60 焦耳的電能。

 能量的轉換與守恆

1. 位能

當物體發生形變或位置改變時，所貯存的能量稱為位能 (potential energy)。位能可分為重力位能與彈力位能。

(1) 重力位能

在重力場中，物體因為位置高度改變而具有的位能稱為重力位能。重力位能公式如下：

$$U = mgh$$

U：重力位能（焦耳，J）

m：物體質量（公斤，kg）

g：重力加速度 = 9.8（公尺／秒^2，m/s^2）

h：物體距地面高度（公尺，m）

相同高度下，質量越大位能越大，位能與質量成正比。同一個物體（質量相同），高度越高，位能越大，位能與高度成正比。

(2) 彈力位能

彈性物質因形狀改變而產生的位能稱為彈力位能。彈力位能公式如下：

$$E = \frac{1}{2}k\Delta x^2$$

E：彈力位能（焦耳，J）

k：彈力常數（牛頓／米，N/m）

$\triangle$ x：離平衡位置的位移

不同的物質有不同的彈力常數，相同形變下，彈力常數越大，所儲存的彈力位能越大。同物質，形變越大，所儲存的彈力位能越大。彈簧不管被拉長還是壓縮，外力所做的功，均可儲存成彈簧的彈力位能。

2. 動能

物體因運動（有速率）而具有的能量，稱為動能 (kinetic energy)。動能公式如下：

$$K = \frac{1}{2}mv^2$$

K：動能（焦耳，J）

M：物體質量（公斤，kg）

V：物體速率（公尺／秒，m/s）

相同速率下，質量越大動能越大，動能與質量成正比。相同質量下，速率越大動能越大，動能與速率平方成正比。

3. 力學能守恆

A. 力學能 (mechanical energy)：動能與位能的總和，也稱機械能。

B. 力學能守恆 (mechanical energy conservation)：當物體只受到保守力（如重力、靜電力、靜磁力、彈力）作用，動能與位能隨運動狀態改變，但是在整個運動過程中力學能保持不變，稱為力學能守恆。

 光電效應

光電效應 (photoelectric effect)：以入射光照射金屬表面，如果金屬原子中的電子獲得的能量超過所受的束縛能，則電子可從金屬表面逸出而產生電流，此即光電效應。

 質能互換

質能互換 (mass-energy equivalence)：愛因斯坦在相對論中認為質量與能量可以互相變換。其公式為 $E=mc^2$（能量＝質量 × 光速的平方）。

UNIT 08 能量與生活

問題 8-1　我們能不能由植物取得能源？

遠古時代人們就懂得生火取暖，從熱力學的角度來看，「生火取暖」是將木材的化學能轉變為熱能的過程。

在現代已經不用木材當作能量的來源，取而代之的是煤炭、石油等化石燃料，但是使用這些化石燃料除了造成汙染以外，其礦藏也越來越少，於是有不少的科學家開始研究把蘊藏在生物體內的化學能轉變為我們可以利用的燃料，這種利用生物產生的有機物質，經過轉換後所獲得的能源，稱為生質能源。

目前科學家已能從各種動植物產生的有機物質將之轉換為酒精、柴油、瓦斯與氫氣等等的能源。這些生質能源的共同特色是使用後幾乎不會汙染環境，所以是一種極乾淨的能源，只是因為成本的問題，目前還無法全面取代原來的化石燃料。以下我們就來看看這些生質能源是如何被製造出來的。

物理小常識

▶ 能量 (energy)：是一種能作功的物理量。
▶ 功 (work)：作用力乘以物體在力方向上移動的距離。
▶ 熱力學第一定律 (the first law of thermodynamics)：能量可以由一種形式變為另一種形式，但其總量是恆定的，又稱能量不滅定律。
▶ 生質能源 (biomass energy)：利用生物產生的有機物質，經過轉換後所獲得的能源，稱為生質能源。

(1) 生物酒精：生物酒精的原料是玉米、甘蔗、馬鈴薯等富含澱粉作物，首先將澱粉發酵，進而提煉出酒精，再轉為燃料或燃料添加物使用，可有效降低車輛對汽油的依賴，例如南美洲的巴西是全世界著名的甘蔗產區，他們充分利用甘蔗這個作物來提煉出酒精，且與汽油按一定比例調配成酒精汽油，目前巴西的汽車大都使用酒精汽油，由於酒精汽油對環境幾乎沒什麼汙染，所以曾經被列為汙染黑名單的巴西聖保羅市，現在已經成為全世界空氣品質最好的城市之一。

(2)生物柴油：生物柴油是從油菜、大豆、向日葵等植物種子的油所提煉出來，相較於一般柴油，生物柴油可大量減少汙染物的排放，目前德國就已經有為數可觀的車輛在使用生物柴油。

(3)生物燃氣：生物燃氣是指將糞便或廚餘發酵所得到的可燃氣體，我們再將這些生物燃氣直接燃燒以產生熱能，或者用於發電機的燃料來發電。

(4)氫氣：傳統上製造氫氣的方法是將水電解得到氫與氧，最新的研究發現，我們可以利用藻類，因為某些藻類在代謝過程中可以製造出氫氣。當紅的燃料電池使用的燃料是氫氣與氧氣，利用存放於電池中的氫氣，加上空氣中的氧氣產生電力，副產品只有水，除此之外，沒有其他汙染排放物，因此它是一種零汙染的清淨電力能源。

 動動腦、動動手

(1) 生質能源有哪些優點？

(2) 列舉數項你認為可行的能源節約方法？

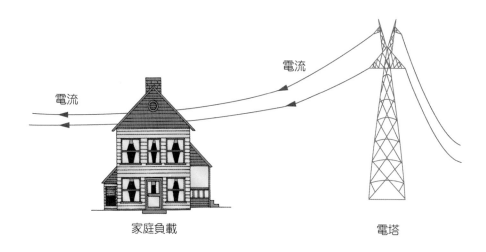

問題 8-2 我們為什麼要付電費？

開車要買汽油，大家買得心甘情願，因為我們看得到汽油而且汽油真的被我們用掉，家裡要付水費也是心甘情願，因為我們看得到水而且水真的被我們用掉，不過發電廠供電給我們，可是電還是會流回發電廠，那為什麼我們還要付錢給發電廠？

電流

電流

家庭負載　　　　　　　　　　　　　　電塔

🔍 物理小常識

▶ 電位 (electric potential)：單位正電荷在某地所受的位能即為該地之電位。
▶ 電功率 (electric power)：物體在單位時間（秒）所消耗的電能。

發電廠發出的電是一種具高電位的電流，最後流回發電廠的電是一種具低電位的電流，電位是電能的指標，高電位的電流含有較高的電能，低電位的電流含有較低的電能，當電流的電位從高變低就代表電能的減少，這些減少的電能一部分是因電流在導線中傳遞時變成熱能損耗掉了，另外一部分電能則提供給家裡所有的電器來運轉，所以你所付的電費其實就是在支付你所消耗的電能的費用。

電力公司計算每一用戶所使用的電能是以度作為單位，1 度電指的是以消耗功率 1,000 W（瓦特）的負載使用 1 個小時的電能，由於功率指的是單位時間（秒）所花的電能（焦耳），因此電能、電功率、時間三者的關係為

電能（焦耳）＝電功率（瓦特）× 時間（秒）

因此 1 度電＝ 1,000 瓦特 ×3,600 秒＝ 3,600,000 焦耳。

 動動腦、動動手

如果一台微波爐的功率是 700 瓦特，你使用了 30 分鐘，所消耗的電能是多少度？相當於是多少焦耳？

 如何利用風力來發電？

　　人類利用風力的歷史由來已久，早在數千年利用風力運行的帆船就盛行於世，後來人們更發明風車來汲水、灌溉與磨碎穀物，於是風車成為當時最重要的動力來源，一直到歐洲工業革命時期瓦特發明蒸汽機之後，風車才逐漸沒落；直到十九世紀末丹麥氣象學家保羅‧拉‧庫爾 (Poul La Cour) 發明了世界上第一部風力發電機，從此風車就變成了風力發電的主角。

🔍 物理小常識

▶ 動能 (kinetic energy)：運動中的物體所具有能量，就叫做動能。動能的表示法為 $K = \frac{1}{2}mv^2$，其中 K 為動能，m 為質量，v 為速率。

　　風是由空氣分子的運動所造成，故風力蘊含著空氣分子的動能，當風吹動風車之後，運轉的風車會帶動齒輪，產生機械能，最後再由齒輪帶動發電機，產生電能（如圖 8-3-1 所示）。風力發電是一種毫無汙染的發電方式，如果當地的風力充足且穩定，同時必須有廣大的土地以置放風車，那麼發展風力發電將是很合適的方式。台灣地區風力資源相當豐富，尤其在冬天吹起的東北季風更是強勁，根據調查，在台灣西部沿海與澎湖地區都是適合發展風力發電的場所，在化石燃料日益短缺的時候，發展風力發電成為輔助能源是一條必然要走的路。

　　根據台灣電力公司公布的資訊，截至 104 年年底，全台已有 323 部風力發電機組，供應高達 642.26 百萬瓦 (MW) 的電力。現在我們在石門、通宵、墾丁甚至澎湖等地都看得到風車迎風轉動，未來還會有更多的風車將出現在我們的周遭。

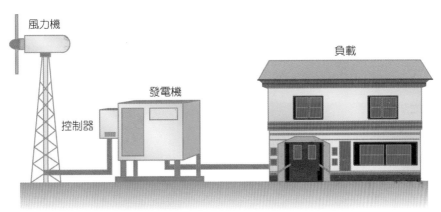

🖈 **圖 8-3-1　風力發電**

 動動腦、動動手

　　紙風車的製作：將一張正方形的紙對折成三角形，再將此三角形對折成一個更小的三角形，將紙打開，用剪刀分別沿著四個角的折線由外向內各剪開 2/3 的長度，接下來將一條 10 公分長的鐵絲穿過正方形紙的中心，使鐵絲在紙的兩端各露出 5 公分，然後在鐵絲的兩端各套入 3 公分的吸管，使鐵絲各露出 2 公分在吸管外，再將正方形紙的四角（扇葉）依序拉到中央，把扇角一一套進 2 公分的鐵絲裡，鐵絲的最前端要套入一顆鈕扣作為固定物，接著將鐵絲的尖端彎曲扭緊，使鈕扣可以固定住扇葉，最後將紙片另一端露出在吸管外的 2 公分鐵絲纏繞在一根免洗筷上，於是迎風轉動的紙風車就大功告成了（如圖 8-3-2 所示）。

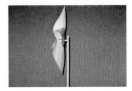

🖈 **圖 8-3-2　風車製作**

問題 **8-4** 如何利用水力來發電？

　　台灣雖然面積不大，但是擁有許多陡峭的河川，豐沛的水力造就了水力發電的有利條件，因此台灣在很早的時候就開始開發水資源，遠在清朝劉銘傳擔任台灣巡撫的時候就規劃了第一個水力發電廠的藍圖，後來日本人殖民統治台灣，根據劉銘傳所遺留的設計藍圖，在新北市烏來區建造了龜山發電所，這是台灣最早建立的第一個水力發電廠，直到台灣光復後，政府又陸陸續續完成很多水力發電廠，因此在早期，水力發電提供的電力對於台灣經濟與民生的發展有著相當大的貢獻。

德基水庫

🔍 物理小常識

▶ 位能 (potential energy)：物體因位置或所處狀態所具有的能量，叫做位能。例如重力位能 U=mgh，其中 m 為質量，g 為重力加速度，h 為高度。

▶ 動能 (kinetic energy)：運動中的物體所具有的能量，就叫做動能。動能的表示法為 $K = \frac{1}{2}mv^2$，其中 K 為動能，m 為質量，v 為速率。

答案揭曉

　　水力發電是利用處於高處的水具有較大的位能，當高處的水流向低處時，水的位能會減少，減少的位能轉換成動能，高速流動的水推動水輪機，再進一步帶動發電機來發電（如圖 8-4-1 所示）。

　　其實，不見得一定要蓋水壩才能發電，只要河流的水位有一定的落差且川流不止，也可以用來發電，比如在台中市后里區有一座低落差示範電廠，乃是將大安溪的河水引進后里區的灌溉渠道，利用只有區區 3.6 公尺的水位落差來發電，由於水流很急，在渠道的沿線還設置了十八個台階以減緩河水流速，一眼望去有如十八個瀑布首尾相連，現在這個發電設施已經成為當地重要的景觀之一。

　　既然水力發電是利用水的位能差來發電，那麼海水每日的漲潮與退潮也有位能差，當然也可以被利用來發電，這就是所謂的潮汐發電，例如法國早在西元 1967 年就開始發展潮汐發電，只是潮汐發電需要配合一定的地理條件，因此目前還不是那麼普遍。

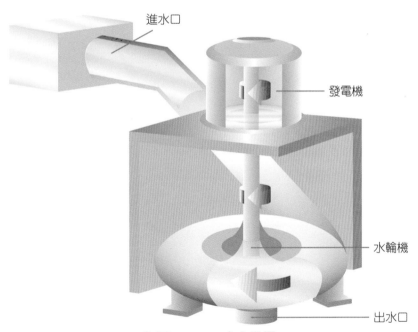

進水口

發電機

水輪機

出水口

📌圖 8-4-1　水力發電

💡動動腦、動動手

　　水壩可以提供灌溉與民生用水，另外也可用來發電，似乎好處很多，你覺得水壩在環境保護上有沒有壞處？

8-5 遊樂場的海盜船設施運用什麼物理定律？

　　海盜船一直是遊樂場很受歡迎的設施，但是玩海盜船後有沒有發現速度最快的時候發生在最低點，速度為零發生在最高點，此外想要刺激點的就要坐在船的尾端，想要緩和點的就要坐在船的中間，這些經驗其實可用相關的物理定律加以說明。

🔍 物理小常識

▶ 力學能 (mechanical energy)：動能與位能的總和，也稱機械能。
▶ 力學能守恆 (mechanical energy conservation)：當物體只受到重力作用，在整個運動過程中動能與位能的總和不變。

答案揭曉

　　遊樂場海盜船的運動狀態可用力學能守恆加以說明。在忽略摩擦力與空氣阻力狀態下，假設海盜船只受重力作用，海盜船的動能和位能的總和會保持不變。

　　海盜船的位置在最高點時，有最大的位能以及最小的動能（動能此時為零），當海盜船向下移動，位能漸漸減少，動能漸漸增加，經過中央點時，位能最小、動能最大，所以這時的速度最快。海盜船位置到達最頂端時，船會因重力而滑下來，這時人和船同時落下，所以感覺不到船正在支撐自己，反而陷入一種漂浮在空中的無重力狀態，此時，坐在尾端最後面的人，因為從最高點滑下時速度的變化很快，所以就會覺得很可怕！

　　以下我們來舉個例子：

　　假設湘婷坐在海盜船尾端 A 座位，當她從最高點擺動到最低點落差達 16 m，最高點的動能 K_1，位能 U_1，最低點的動能 K_2，位能 U_2，因為力學能守恆，故

$$K_1 + U_1 = K_2 + U_2$$
$$0 + mgh = \frac{1}{2}mv^2 + 0$$
$$gh = \frac{1}{2}v^2$$
$$v^2 = 2gh$$
$$v = \sqrt{2gh} = \sqrt{2 \times 9.8 \times 16} = \sqrt{313.6} = 17.7 (m/s)$$

　　換言之，湘婷到達最低點的速度為 17.7(m/s)。

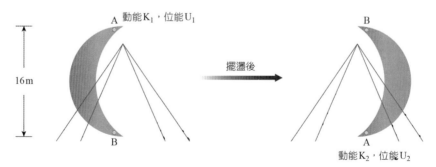

🔖 **圖 8-5-1　海盜船的力學能守恆**

💡 動動腦、動動手

　　志明與春嬌是情侶，但志明喜歡冒險，春嬌喜歡溫和，於是志明選擇坐在海盜船尾端，最高點與最低點落差 16 m，春嬌選擇坐在海盜船靠中間位置，最高點與最低點落差 4 m，當志明與春嬌分別到達最低點時兩人的速度比值為多少？

 **8-6** 如何利用太陽能來發電？

　　地球之所以溫暖都是因為太陽給我們光和熱，早在遠古時代出現了綠色植物，這些植物就懂得吸收太陽光的能量，在體內經過種種的反應，最後製造出植物自己可以利用的高能量分子，這就是所謂的光合作用。

　　但是人類自己不能行光合作用，所以除了偶爾作一下日光浴，使身子暖和一些以外，說到利用太陽能似乎是不可能的，後來人們發現可以利用鏡子來聚熱，於是開始產生利用太陽能的觀念。近代愛因斯坦成功地以量子化觀點解釋了光電效應的現象，我們才發現原來太陽能可以直接轉變成電能，這個理論導致了太陽能電池的出現。

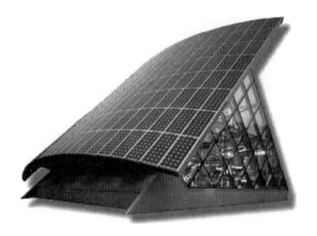

🔍 物理小常識

▶ 光電效應 (photoelectric effect)：以入射光照射金屬表面，如果金屬原子中的電子獲得的能量超過所受的束縛能，則電子可從金屬表面逸出而產生電流，此即光電效應（如圖 8-6-1 所示）。

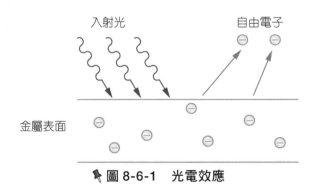

🔖 圖 8-6-1　光電效應

　　一個原子大致可以分為原子核與核外電子兩部分，原子核帶正電，電子帶負電，由於正負電的吸引力使得電子被束縛在原子核的周遭運動，當我們使用光線照射原子時，如果入射光的能量大於原子核對電子的束縛能，則電子就會脫離原子成為自由電子，而自由電子的流動就構成了電流，愛因斯坦成功地以量子化的觀點解釋了光電效應，此一將光能轉變成電能的劃時代理論，還因此得到諾貝爾獎。

　　目前太陽能電池大都使用一種半導體薄片，集合很多此類的薄片形成所謂的太陽能光電板，只要陽光照到太陽能板，在短時間內便可輸出電壓及電流（如圖 8-6-2 所示）。太陽能電池應用光電效應原理將光能轉變成電能，因此只要有光就可以生電，比如一台計算機若使用太陽能電池，就完全不必擔心沒電而要換電池，另外在太空中運行的人造衛星當然也大多使用太陽能發電，這是因為在太空中陽光充足之故。

　　太陽能雖然是一種取之不盡的再生能源，但是要利用太陽能發電需要有合適的地理條件來配合，比如當地的日照要充足且穩定，同時必須有廣大的土地，因此太陽能發電離大規模的商業運轉還有一段距離，只是為了環境保護起見，發展太陽能發電將是時代所趨。

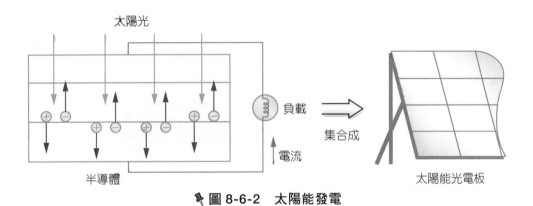

圖 8-6-2　太陽能發電

動動腦、動動手

　　為什麼太陽能發電廠必須有廣大的土地配合？

8-7 如何利用核能來發電？

　　長久以來太陽始終散發著光與熱，雖然地球自己不會燃燒，但是卻默默承接著太陽的光與熱，也因為這樣使地球的溫度適中，才造就地球孕育生命的有利條件，而太陽之所以能夠發光的原因就是因為核能，在太陽的內部時時刻刻都在進行核融合反應，核融合反應所發出的能量變成了太陽的光與熱。

　　核能這個觀念是由愛因斯坦的質能互換學說所產生，此學說闡明質量與能量可以互相轉換，轉換的公式如下所示：

　　$E=mc^2$
　　能量＝質量 × 光速的平方

　　質能互換學說表達出如果在一個反應的過程造成質量的減少，這減少的質量將會變成可觀的能量釋放出來。在一般的化學反應中不涉及質量的改變，即化學反應遵守質量守恆定律，所以我們不用質能互換學說解釋化學反應的能量改變，但在核反應中，不論是核分裂還是核融合反應都會造成質量的減少，所以核反應會釋放出大量的核能。

墾丁南灣的核能三廠

🔍 物理小常識

▶ 質量守恆 (conservation of mass)：物質在發生物理變化或化學變化（核反應除外）時，其質量應是守恆的。

▶ 質能互換 (mass-energy equivalence)：愛因斯坦在相對論中認為質量與能量可以互相變換。其公式為 $E=mc^2$（能量＝質量 × 光速的平方）。

▶ 熱力學第二定律 (the second law of thermodynamics)：設計一個裝置，欲使其運作一個循環後，將熱庫的熱能抽取且完全用來作功，是不可能的。

討論核能發電首先要了解原子核，任何物質都是由原子所組成，而原子大致可以分為原子核與核外電子兩部分，原子核是原子的核心，它是由質子與中子所組成。

核能發電是利用核分裂來得到能量，其作法是以中子去撞擊鈾或鈽的原子核，造成原子核分裂成兩個較小的原子核，這個核分裂的過程同時會釋放輻射線與中子，於是釋放出來的中子又會再去撞擊其他的原子核，導致更多的核分裂產生，透過這種連鎖反應製造了許多的核分裂，每一次的核分裂都會造成質量的減少，根據質能互換學說，每一次的核分裂減少的質量都會變成巨大的能量，利用這股巨大的核能將水加熱為蒸氣，水蒸氣再推動汽輪機，最後帶動發電機來發電（如圖 8-7-1 所示）。

不過根據熱力學第二定律，任何燃料所產生的熱能無法完全轉換為電能，因此核能發電的發電效率就跟其他利用煤或石油當燃料的火力發電廠一樣只有約 35%，也就是所產生的熱能只有三分之一轉換成電能，其他三分之二的熱能必須用水來冷卻。

核融合產生的能量更高於核分裂，只是目前世界上還沒有核融合發電廠，主要的理由是要將兩個原子核融合在一起，需要在極高的溫度才有辦法，這個條件對於一個發電廠而言是很難做得到的，所以科學家目前極力想要完成溫度不需那麼高的核融合實驗，也有人稱為冷融合的實驗，只是目前為止都尚未成功。

核能發電最為人擔心的問題就是輻射線的產生，核分裂過程會產生輻射線，核分裂完成後的廢料也有輻射線，這種放射性核廢料歷經多年還是會散發相當的輻射線，雖然核電廠有層層的安全防護，如果不幸發生意外，地狹人稠的台灣是否能經得起這樣的打擊，確實需要大家三思。

核能是一種巨大的能量，這種能量自亙古以來就存在於恆星的內部，人類發現了核能的秘密，有如找到了一個具有魔法的寶盒，善用這股力量是全人類之幸，誤用這股力量則是全人類之不幸，幸與不幸就存在於每個人的一念之間。

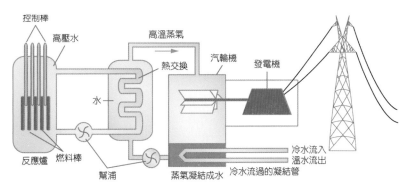

⚡ 圖 8-7-1　核能發電

為何核能發電廠與火力發電廠大多位於海邊？

Physics and Life

動動腦、動動手、謎底　　　　　　　　　　　　　ANSWER

UNIT 01

1-1 物理變化：(1)、(3)、(5)　　化學變化：(2)、(4)、(6)。

1-2 $1.51×10^{17}$。

1-3 不可以。

1-4 (1)A、C　　(2) 略。

1-5 一樣多。

UNIT 02

2-1 實際操作。

2-2 (1)50 牛頓 / 平方公分。　　(2)2 牛頓 / 平方公分。　　(3)(2) 比較小。
(4) 略。

2-3 實際操作。

2-4 實際操作。

2-5 生蛋。

2-6 賽跑速度 10 m/s 遠小於車速 16.6 m/s，故危險。

2-7 2 倍。

2-8 一元硬幣。

2-9 與地面的摩擦力有關。

2-10 繩子張力可能將手臂切斷。

2-11 增加。

2-12 實際操作。

2-13 (1) 提供向心力　　(2) 左。

2-14 初一與十五。

UNIT 03

3-1 1：9

3-2 鹽水。

3-3 雞蛋會浮上來。

3-4 實際操作。

3-5 實際操作。

3-6 大氣壓力頂住了水的重量。

3-7 吸盤會掉下來。

3-8 避免汙水管的臭味傳進家裡。

3-9 實際操作。

3-10 實際操作。

3-11 1.25 倍。

3-12 實際操作。

3-13 月球上沒空氣，所以投不出變化球。

UNIT 04

4-1 對流。

4-2 略。

4-3　木頭比熱大。

4-4　略。

4-5　溫度介於 0~4℃ 之間的水。

4-6　實際操作。

4-7　熱膨脹。

4-8　略。

4-9　內杯裝冷水，外杯放在熱水中，即可使兩個杯子分開。

4-10　空氣中的水蒸氣遇冷形成小水滴。

4-11　將石頭壓在鋁鍋上。

UNIT 05

5-1　共鳴腔的條件改變。

5-2　反射。

5-3　不行。

5-4　實際操作。

5-5　略。

5-6　(1)0 秒　　(2)674 m。

UNIT 06

6-1　實際操作。

6-2　窗外美女看得見店內。

6-3　對側的光呈紅色，左（右）側的光呈藍色。

6-4 黑色。

6-5 實際操作。

6-6 不會。

6-7 干涉：甲，色散：乙。

6-8 天狼星。

6-9 略。

6-10 (1) 不會　　(2) 不會。

6-11 X 光的能量遠大於遠紅外光，會造成細胞的傷害。

6-12 略。

UNIT 07

7-1 (1) $\dfrac{365 \times 10^3}{0.95 \times 3 \times 10^8} = 0.0013$ （秒）

(2) $\dfrac{365 \times 10^3}{120} = 3{,}041$ （秒） $\fallingdotseq 50$ （分鐘）。

7-2 用其他金屬線雖然可以通電，但卻喪失保險絲功能。

7-3 (a)、(c)。

7-4 當肌肉用力時，會改變身體的電阻，進而影響到體脂率測定。

7-5 $340 \times 2 = 680$(m)。

7-6 功用類似避雷針。

7-7 (1) 不會。

(2) 功用類似避雷針，但避雷針將電導入地下，靜電釋放器則將電釋放到空氣中。

7-8 調幅。

7-9 乙敘述錯誤。

UNIT 08

8-1 略。

8-2 (1) $\dfrac{700}{1000} \times \dfrac{30}{60} = 0.35$ （度）

(2) $0.35 \times 3.6 \times 10^6 = 1.26 \times 10^6$（焦耳）。

8-3 實際操作。

8-4 略。

8-5 2 倍。

8-6 吸收太陽光。

8-7 因 $\dfrac{2}{3}$ 的熱能要用水來冷卻。

 INDEX

Physics and Life

新文京開發出版股份有限公司

NEW
WCDP

新世紀‧新視野‧新文京—精選教科書‧考試用書‧專業參考書